卡耐基给少年的成长书

肯定自己 超越自己

壹直读 · 编著

化学工业出版社

·北京·

图书在版编目（CIP）数据

肯定自己　超越自己/壹直读编著 . —北京：化学工业出版社，2023.11
（卡耐基给少年的成长书）
ISBN 978-7-122-44118-8

Ⅰ.①肯… Ⅱ.①壹… Ⅲ.①成功心理-青少年读物 Ⅳ.①B848.4-49

中国国家版本馆CIP数据核字（2023）第167366号

KANAIJI GEI SHAONIAN DE CHENGZHANG SHU：KENDING ZIJI CHAOYUE ZIJI

卡耐基给少年的成长书：肯定自己　超越自己

责任编辑：隋权玲　　　　　　　　　　　装帧设计：史利平
责任校对：杜杏然

出版发行：化学工业出版社（北京市东城区青年湖南街13号　邮政编码100011）
印　　装：三河市延风印装有限公司
710mm×1000mm　1/16　印张10　2024年3月北京第1版第1次印刷

购书咨询：010-64518888　　　　　　　　售后服务：010-64518899
网　　址：http：//www.cip.com.cn
凡购买本书，如有缺损质量问题，本社销售中心负责调换。

定　　价：49.80元　　　　　　　　　　　　　　　版权所有　违者必究

前言 | PREFACE

戴尔·卡耐基（1888年11月24日—1955年11月1日），美国著名人际关系学大师，现代成人教育之父，被誉为20世纪最伟大的心灵导师和成功学大师。卡耐基在如何调整自身情绪、保持健康心态、积极面对生活压力等方面，为人们提供了许多行之有效的指导。其经典著作《人性的优点》和《人性的弱点》对很多人产生了深远影响。这两本书的衍生书籍有很多，涉及女性、口才、交际、励志等方面，但专门以少年儿童为读者对象的却很少，事实上，卡耐基的经验对少年儿童也很有指导意义。

心理学研究显示，拥有高度自信的孩子，无论在人际交往还是学习上，自我满意度都比较高，然而不自信的孩子则表现得敏感多疑、不爱表现自己，甚至会产生自暴自弃和回避心理。

每个人都应该肯定自己，充满自信，在别人肯定前先自己肯定自己。只有足够勇敢和自信，才能在人群中熠熠生辉，成为更优秀的自己。本书《肯定自己　超越自己》重点从勇敢自信、努力前进的角度出发，整理出戴尔·卡耐基著作中精辟而充满正能量的相关内容，加以丰富扩展，教孩子学会勇敢和自信，学会承受压力，在日复一日的努力中收获属于自己的闪耀人生！

在本书中，每个小节都以少年儿童的"'我'的苦恼（案例故事）"开篇，提出他们的困扰和问题；接着是"案例时间"，用一些经典案例提供该类问题或正面或反面的实例；之后是"卡耐基如是说"，这个栏目结合卡耐基的相关著作内容,对这些问题加以解释、扩展,给大家以哲理性的启示;接下来是"你可以这样做",列举具体、翔实的应对方法;理论讲完之后是"实战漫画",用简单的小漫画模拟应用场景,并提供两种解决问题的思路和方法,让读者在对比中更清晰明了地进行选择。

  少年儿童处在人生发展和思想观念形成的关键时期,随着时代的发展,由于信息社会的影响、家庭陪伴的缺少和自我成长的偏失,不合群、不自信、负面情绪多等问题在这个时期变得多发,更需要正确的引导和帮助。基于此,我们将卡耐基作品中适合少年儿童的内容筛选出来,汇编成《学会与他人相处》《掌握演讲表达方法》《做情绪的主人》《肯定自己 超越自己》4本书,以期对处于人生重要阶段的孩子所面临的交际、口才、情绪、自我认知等实际的问题给出切实有用的指导和激励。

  希望"卡耐基给少年的成长书"这套基于卡耐基经典、适合少年儿童阅读的丛书,能够给小读者们提供切实有用的指导和借鉴,并对少年儿童的成长和进步贡献绵薄之力!

壹直读

目录 | CONTENTS

第一章 找到自己，做自己

1. 世界上独一无二的你   1
2. 你所拥有的，就是最好的   5
3. 发现你的天才点   9
4. 试着自己做决定吧   13
5. 做自己，无须模仿他人   17

第二章 哪里是你想到达的远方？

1. 痛苦意味着成熟的开始   22
2. 人生总是越努力越幸运   25
3. 接受失败，但不接受放弃   29
4. 你的收获和欲望成正比   33
5. 追求完美，但不苛求自己   36

第三章 前行路上，最大的对手是自己

1. 不是全才，也别做庸才   40
2. 战胜懒惰的自己   43
3. 不投入，自然了无兴趣   47
4. 放下过往，试着与自己和解   51
5. 抛弃不适合你的欲望   55

第四章 养成好习惯，让优点压倒弱点

1. 只找方法，不找借口   59
2. 别人不是天才，只是"坐得住"   63

  3. 近朱者赤，多结交优秀的朋友   67
  4. 与其抱怨，不如开始改变   70
  5. 把好习惯坚持下来   74

第五章　成为更勇敢的自己

  1. 勇敢地迈出第一步   78
  2. 在关键时刻全力以赴   82
  3. 拒绝"盲从"，勇敢说"不"   85
  4. 有时，后退也是一种勇敢   89
  5. 别怕！你不是一个人   93

第六章　优秀的人都高度自律

  1. 谦虚待人，三人行必有我师   97
  2. 管理好自己，不打扰别人   100
  3. 坚持原则，一诺千金   104
  4. 守时也是一种对别人的尊重   108
  5. 请在适当的时候保持沉默   112

第七章　坚持学习，每天进步一点点

  1. 兴趣是最好的老师   117
  2. 有所深学，有所浅学   120
  3. 从生活中探寻智慧的源泉   124
  4. 勤于思考，危机也能变成转机   128
  5. 勇于向未知领域挑战   132

第八章　向着光亮前行，跑赢自己就好

  1. 坚持并战胜挫折，世界就在你的脚下 136
  2. 负能量就像铅块，扔掉才能走得快 139
  3. 让你的潜能爆发出来   143
  4. 心怀感恩，善良地对待他人   147
  5. 学会独立，慢慢离开父母的臂膀 151

第一章 找到自己，做自己

1. 世界上独一无二的你

"我"的苦恼

我是小力，上五年级了，我很喜欢唱歌，但我有个苦恼，就是我有龅牙。每次在朋友面前唱歌时，我总想用上嘴唇遮住牙齿，结果大家反而更加笑话我。我为我的牙齿感到难为情，慢慢地，我不敢在大家面前唱歌，甚至不想和大家一起玩，现在我感觉我的生活都变得一团糟。

案例时间

北卡罗来纳州的伊迪丝·埃尔瑞德太太写信给卡耐基说：

"我从小就非常敏感害羞，那时我体重超标，圆圆的脸颊使我看起来更胖。加上我的妈妈总是说：'宽松衣服穿得久，紧身衣服穿不住。'所以，我一直穿宽松衣服，从来没参加过什么聚会，我的羞怯已经成为一种病态，常觉得自己和别人不同，不受欢迎。

"长大后，我结了婚，丈夫是比我大好几岁的成熟男人，他生长在一个非常和睦、自信的家庭，但我依然没变。我想做得和他们一样，但却做不到。我变得紧张易怒，躲开所有的朋友，甚至连听到门铃声都感到害怕。我知道自己是个失败者，又害怕丈夫会发现这一点。

"直到一次偶然的谈话改变了我的整个人生。一天，婆婆谈起她是如何把几个孩子带大的。她说：'无论发生什么事，我都坚持让他们做自己。''做自己'这句话瞬间照亮了我，我终于明白，我的一切痛苦都源于我勉强自己去成为原本不属于的那一类人。

"一夜之间我改变了！我终于开始做自己。我尝试研究自己的个性，了解我是怎样的人。我研究自己的长处，按自己的方式着装打扮，还主动结交了很多朋友。如今，我快乐多了，这是我经历了多少痛苦才学到的：无论发生什么事，都要坚持做自己！"

卡耐基如是说

遗传学让我们了解到，只有来自父亲的精子和来自母亲的卵子相结合，才能造就独一无二的你。而且我们每个人出生的概率只有三百万亿分之一，倘若你有三百万亿个兄弟姐妹，他们也将与你不相同。

你应该为此感到自豪，并好好珍惜这一点，充分利用自身的天赋，去创造属于自己的小宇宙。具体而言，就是要自信地面对学习和生活，不能因为一点小事便怀疑自己，更不能因为某一次的失败而看轻自己。

爱因斯坦说，自信是向成功迈出的第一步。的确，我们唯有先肯定、认可自己，才能更好地经营自己，从而不断地超越自己，最后才能获得成功。

第一章 | 找到自己，做自己

怎样才能提升自己的信心？

① 正视自己的缺点。

面对缺点，很多人总喜欢极力去掩盖，殊不知，越是想掩盖就越容易暴露于人前，倘若大大方方地展示出来，反而不会引起别人的过度关注。要做到这一点，我们就必须学会正视自己的缺点，先让自己接受自己的缺点，而后才能令别人也欣然接受。

如果玩耍时，朋友们起哄让有龅牙的小力唱歌，他怎么回应更好呢？

② 寻找自己的优点。

若想培养自信心，除了要正视自己的缺点，我们还应当多寻找自己的优点。要知道，优点是一个人自信的底气，自身的优点越多就会越有底气，如果我们看不见自己的优势,自然会觉得自己一无是处。对此,我们可以多留意生活中的细节,帮助自己找到自身的优点。

明明遇到了一道数学难题,于是向尖子生小力请教。怕被同学嘲笑有龅牙的小力怎么回应更好呢?

我更喜欢B场景中小力的表现。

3 努力提升自己。

对于培养自信而言,仅仅只靠自身的优点来支撑,是远远不够的,我们还必须努力提升自己,让自己变得更加优秀。若想做到这一点,我们就要努力学习各项知识,其中既包括课堂上的知识,也包含生活中的智慧,如生活常识、人际关系、自然规律,等等。

在楼道里,小力碰到了主动跟他打招呼的明明,他怎样回应更好呢?

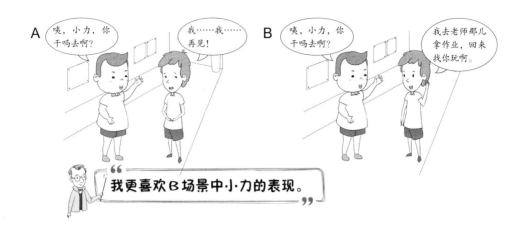

2. 你所拥有的，就是最好的

我叫明明，跟小力是好朋友，我很羡慕他，他不但学习好，而且脾气也好，老师们也都很喜欢他。我觉得自己跟他相比，简直就是一个天上一个地下。我成绩一般，长得还那么胖，玩游戏经常会动作跟不上，谁又会喜欢跟我一起玩呢？

卡耐基曾经的教务主任哈罗·艾伯特，跟他聊起过这样一段往事。

以前，艾伯特在堪萨斯城开过一间杂货铺，虽然只开了两年的时间，

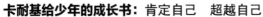

却让他赔光了自己所有的积蓄,还欠了一大笔债。他用了整整七年才还清。还清债务后,他非但没有想象中那么轻松,心情反而越发沉重起来,他已经一无所有,只能像个丧家犬般在路上游走。

就在这时,迎面滑过来一个没有腿的男人,只见他坐在一个小木头架子上,木架下面装着从轮滑鞋上拆下来的轮子,他两只手各抓着一截木棍,撑着地面让自己在街道上滑行。

男人似乎发现了艾伯特的目光,为了避免尴尬,艾伯特本想扭头就走,但那个男人却毫不在意地对他笑了笑,并问候道:"早上好!先生,这几天天气真好,不是吗?"那个男人笑得非常开心,似乎他已经拥有了世界上最好的一切。

艾伯特看着那个男人的笑脸,突然觉得自己十分可笑,一个没有了双腿的人都能活得如此豁达、潇洒,自己这个四肢健全的人,还有什么不满足的呢?

每个人都想拥有世界上最美好的一切,但真正能实现这一愿望的人却不多,因为每个人的出身不同、环境不同、经历不同,碰到的机遇也不同。上帝是公平的,它在为你关上一扇门的同时会为你打开一扇窗。所以,我们要坚信,无论现在面临的是顺境还是逆境,都是最好的安排。

我们大多数人不是为昨天懊恼,就是为了明天担忧,不是在同别人攀比,就是在自怨自艾……偏偏不肯好好把握今天,不肯珍惜自己所拥有的!事

第一章 | 找到自己，做自己

实上，昨天的已经过去，明天的还没有到来，别人有的，自己努力也能获得。唯有珍惜自己现在所拥有的一切，才能让自己收获更多的美好。

如何珍惜自己所拥有的？

1 不要盲目地与他人比较。

很多时候，我们总觉得别人这也比自己强，那也比自己优秀，于是便认定自己一无是处，什么都没有。殊不知，这都是因为我们拿自己没有的东西去跟别人比，得出的结论自然是自己哪儿都不如别人，若我们用自己拥有的去跟别人比，结果势必会截然不同。所以，千万不要盲目地与他人比较，而应当学会保持良好的心态，凡事以平常心对待。

小力问明明想不想参加学校举办的运动会，他怎么回复更好呢？

2 审视和发现自己所拥有的。

很多人都觉得自己一无所有,其实并非自己没有,而是你缺少一双审视和发现的眼睛。生活中,有些人能第一时间找到自己所拥有的,让生活变得更美好,而有些人却被羡慕和嫉妒蒙蔽了双眼,整天过着自怨自艾的生活。很显然,我们应当选择前者,这就需要我们多观察自己在生活中的言行举止,练就一双善于发现的眼睛。

明明在运动会上获得了拔河第一名,小力来祝贺他,他怎样回应更好呢?

我更喜欢B场景中明明的表现。

3 通过努力让自己拥有更多。

对于别人所拥有的,我们与其浪费时间去羡慕、嫉妒,不如通过自身的努力让自己获得更多。例如,作文水平一般的我们想提升写作能力,不妨适当地做一些训练,如可以每天抽出固定的时间来写日记,第一天写5分钟,第二天写8分钟,第三天写10分钟……如此循序渐进地来提升自己的写作水平。

班里马上要竞选体育委员,小力想劝明明也去竞选,明明怎样回应更好呢?

3. 发现你的天才点

我叫芳芳,跟明明、小力是同班同学。我非常普通,成绩普通、相貌普通……就连名字都是普普通通的。我就像是班里可有可无的人一样,没有人注意我的存在,也没有人关心我的存在。我觉得自己浑身上下找不出一丝亮点,这让我很难过,更让我感到自卑。

卡耐基给少年的成长书：肯定自己 超越自己

在卡耐基开设的演讲培训班里，有一个女学员总是对自己的表现很挑剔。

培训班里的学员经常要轮流进行试讲，这位学员每次演讲完后，无论卡耐基给出什么样的评价，她都会陷入沮丧之中；她观看别人的演讲时，更是会情绪低落。

女学员经常抱怨自己表现得不够出色，付出的努力得不到回报。确实，她一直都很努力，但由于她过于关注自己的缺点，而忽略了自己的天分，她的演讲水平越来越退步。

一次下课之后，这位学员找到卡耐基，倾诉自己的苦恼，她说："卡耐基先生，我是不是比其他人都要笨呢？为什么别人可以大大方方地上台演讲，我却每次站起来就忘词，手脚也不知道该往哪里放，根本开不了口呢？我这么笨，或许成不了一个优秀的演说家。"

卡耐基想了想，对她说道："为什么你总是盯着自己的缺点呢？不是那些缺点使你的演讲效果不好，而是你看不见自己的优点，自然也就发现不了自己的天分了。多想想自己优秀的地方，你就会发现你有当一个演说家的优势。"

接受了卡耐基的鼓励并作出改变后，这位女学员不断进步，后来成了一位非常优秀的演说家。

有这样一句名言：闪闪发光的金子，代替不了生铁的用途。的确，金子虽好，却无法取代生铁，每一种物质都有自己的特质。我们人也是一样：

作家往往很难成为运动员；会弹钢琴的人不一定也会唱歌；而商人去种庄稼，有可能会颗粒无收……这就是事实，那些非常优秀的人，照样有自己涉足不了的领域。

每个人都有自己的不足和特长，所以，没必要只盯着自己的缺点不放。我们应该多寻找自己身上的优势，然后充分利用它，让自己变成这方面的专才。

如何找出并利用自己的优势？

 客观地评价自我。

每个人都有自己的长处和短处，但自卑的人眼里往往只有短处，却始终看不见自己的优势，从而导致自己的才能被埋没。可见，要想找出自己的优势，我们首先就必须客观地评价自己，即使我们认为自己浑身都是缺点，也应当对自己曾经做过的正确的事予以肯定。

芳芳拾金不昧，老师当着全班同学的面表扬她，她怎样回应更好呢？

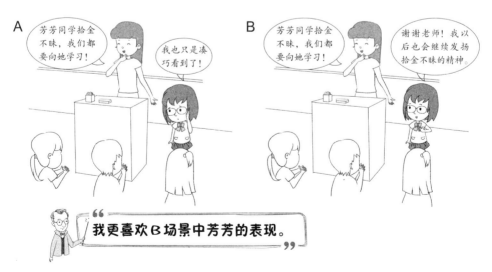

卡耐基给少年的成长书：肯定自己　超越自己

2 参考别人对自己的评价。

很多时候，自我评价都难免会掺杂一些"水分"，所以，我们还应当参考别人对我们的评价，从而更快地找出自己的优势。例如，我们可以问问自己的父母，我们在哪些方面表现得比较好；也可以问问自己的好朋友，我们在哪些方面表现得更强；还可以问问老师，我们在学校哪些方面比较突出……

芳芳一直觉得自己是个"小马虎"，但妈妈却说她很细心，她应该怎么回应呢？

3 尝试利用自己的优势。

当我们通过自我评价和参考他人意见找到自己的优点后，接下来要做的就是试着去运用这些优点，以印证真假，从而让自己在今后的生活中发扬优势、规避劣势。例如，我们觉得自己不会说话，但别人觉得我们很会说，那我们不妨参加一次辩论赛或演讲赛，在确认自己确实有这方面的优势后，再将它们在生活中加以利用。

妈妈说芳芳唱歌很好听，她怎样利用这个优势更好呢？

第一章 | 找到自己，做自己

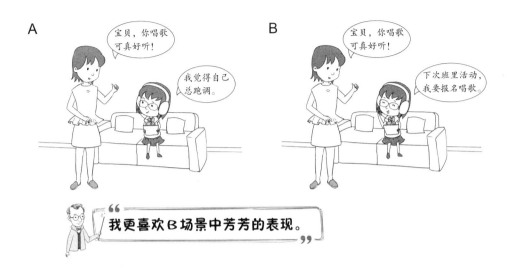

4. 试着自己做决定吧

我叫小萌，和小力他们是同班同学，并且跟小虎是同桌。我是一个没什么主见的人。那天，学校举办舞蹈比赛，我想参加，却又害怕自己连初赛都过不了，会很丢脸，于是询问了几个好朋友的意见，他们有赞同的，也有反对的，这让我更加犹豫不决了。谁曾想，我还没拿定主意，报名已经截止了。

案例时间

卡耐基经常跟迪士尼先生一起聊天。有一次，迪士尼聊起了自己小时

候的一件事。

这天,老师布置了绘画作业,迪士尼完成后兴高采烈地交给了老师,可老师看到他的画却十分生气,因为他把一盆花的花朵画成了人脸,把叶子画成了人手,并且每朵花都呈现不同的表情。老师认为迪士尼是在胡闹,于是当着全班同学的面,将他的画作撕得粉碎,同时还严厉地批评了他,并告诫他以后不许再这样胡闹。

迪士尼感到非常委屈,又很迷茫,自己以后该怎样画画呢?要改正自己的画画方法吗?回家后,他将整件事都告诉了父亲。父亲听后,说道:"我觉得你的画很有创意,对同一个事物,不是每个人的看法都一样,关键是你自己怎么想。"紧接着,父亲继续对他说道:"孩子,你要记住,不能主宰自己命运的人,终生都是一个奴隶。"小迪士尼牢牢记住了父亲的这句话。

迪士尼告诉卡耐基,正是父亲的这句话,让他明白凡事都要自己做决定,他由此决定要一如既往地保持自己的风格。也正因为如此,他才和哥哥罗伊一起成立了属于自己的"迪士尼兄弟公司",并创造出了享誉全球的唐老鸭和米老鼠的形象。

每个人都有属于自己的经历和机遇,当机会来临时,如果我们只是一味地听从别人的意见,而不自己动脑去思考如何才能抓住它,那么,结局往往就是白白错过了大好的机遇,因为别人无法站在我们的立场去分析问题。

我们要面临的选择很多,作为一个具有正常思维的人,谁都不会漠视他人的评价。但如伊渥·韦奇所说:即使你已有了主见,但如果有10个朋友的看法和你相反,你就很难不动摇。这种现象被称为韦奇定理。

第一章 | 找到自己，做自己

别人的意见仅仅只是帮助而已，有时还会干扰我们，决定权最终都要回到我们自己的手中，我们应当学会辨别真伪、权衡利弊，然后自己决定接下来的路该怎么走。

怎样才能让自己更有主见？

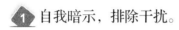

很多时候，其实我们也不想犹豫不决，只是受到了太多外界的干扰。例如，当我们决定要好好练习书法时，朋友们说书法需要很长时间才能见成效，妈妈说书法太浪费时间，会影响学习，等等。这时，我们不妨给自己一些心理暗示，如每天在练习书法前，告诉自己："我一定能练出一手好字""我绝不会耽误学习"……以排除外界的干扰。

小萌很喜欢画画，想报个绘画班，面对同桌小虎的反对意见，她该怎么做呢？

卡耐基给少年的成长书：肯定自己　超越自己

2 权衡利弊，学会取舍。

当面临选择时，我们之所以会摇摆不定，也可能是因为不懂得取舍。对此，我们要做的就是权衡利弊，换言之，即选择对自己最有利的那个选项。例如，暑假应该报哪个兴趣班，是游泳还是绘画？对于这个问题，我们就可以从时间安排、今后是否能持续、学完后能不能派得上用场以及自己的兴趣爱好等方面来综合考虑，选择一个对自己最有利的兴趣班。

学校举办舞蹈比赛，小萌因担心过不了初赛而犹豫不决，她怎么选择更好呢？

3 参与实践，提升能力。

当然，我们不敢自己做决定的原因，还可能是因为我们本身处理问题的能力不行，以致我们遇到问题时手足无措，不知道该怎么办才好。可见，提升我们自身解决问题的能力至关重要。对此，我们可以适当去参加一些社会实践，如假期当志愿者、参与公益项目、参加学校组织的各项课外活动等，当我们通过实践积累丰富的经验后，便不会再遇事慌

第一章 | 找到自己，做自己

乱了。

小区里正在进行垃圾分类的宣传，需要一批小志愿者，小萌被问要不要当志愿者，她怎么回答更好呢？

5. 做自己，无须模仿他人

"我"的苦恼

我是芳芳，一个默默无闻的小学生，为了引起大家的注意，我经常会模仿那些班级里惹眼的同学，模仿他们说话的语气、潇洒的动作等。可我一次又一次地用心模仿，却成了同学们的笑料，这让我非常难堪，只能尽量躲着大家，不敢再主动跟他们接触。

卡耐基给少年的成长书：肯定自己　超越自己

 案例时间

　　那年，卡耐基幸运地考上了美国戏剧艺术学院，一心想成为出色的演员。他发现了一条通往成功的捷径，那就是学习所有优秀演员的优点，成为集众多优点于一身的演员。于是，他迅速开始找资料、看片子，不断揣摩研究，一个一个地模仿。当时，他几乎忘记了自己的特色，叮叮当当地挂了一身别人的东西。结果可想而知，他以惨败收场。

　　几年后，卡耐基渐渐忘了那次的前车之鉴，又犯了一次同样的错误。

　　当时，卡耐基很想写出一本旷世杰作，主题就定为公开演说。开始行动后，他又被成功的欲望冲昏了头，自以为是地想：如果模仿优秀之作，集众多优点于一身，那我的书必然也是优秀的。紧接着，他开始四处搜罗有关公开演说的书籍，日夜研究，他足足用了一年的时间来研究它们的精髓，以完成自己所谓的大作。

　　现实是残酷的，卡耐基再一次尝到了盲目模仿酿成的苦酒，这本"集众多优点于一身"的著作，做作、虚伪、枯燥，根本不被读者认可。这件事让卡耐基开始反省：为什么要模仿别人而不坚持做自己呢？他渐渐醒悟，开始从自己的实际阅历、知识、体验出发，脚踏实地做自己，最后写就了一本关于公开演说的教科书。

 卡耐基如是说

　　对于比自己优秀的人，我们可以羡慕，却不能盲目地模仿，因为即使你模仿得再像，也不可能成为别人。我在经历几次沉痛的教训后，也悟出了这样的道理："卡耐基啊，你就是你自己，独一无二的自己，切记！"

唯有守护自己的本色，才是成全自己的唯一出路，而我们每一个人也只能成为自己。实际上，每个人都有自己的优点，只要我们能坚守自我，并努力经营，就可以变得很优秀。

无论我们渺小或伟大，都是这个世界上唯一的自己，与其浪费时间和精力去模仿别人，不如好好地认清自我，充分挖掘自身的巨大潜力，去做最好的自己。

如何更好地做自己？

 罗列出自己的优势。

很多人之所以去模仿别人，是因为他们没有认清自我，以致看不见自己的优势，总觉得别人比自己强，故而盲目地崇拜。此时，我们不妨拿出纸和笔，将自己的优点都一一罗列出来，比如我很大方，从不为小事斤斤计较……这能引导我们更好地经营自己。

明明参加书法比赛获得了一等奖，老师表扬他为班级争光，内心羡慕的芳芳对此作何感想更好呢？

卡耐基给少年的成长书：肯定自己　超越自己

2 挖掘自身的潜力。

有时，我们会因为自身不够优秀，而去模仿比自己更优秀的人。其实，每个人身上都蕴藏着无限可能，只要我们能充分挖掘自身的潜力，就可以让自己越变越好。对此，我们可以适当地给自己制定一些目标，并朝着目标不懈努力，比如这回考了第二十名，下次考试争取进前十名。

芳芳看见小力做完了练习册，而自己却只做了一部分，心里很羡慕，她该怎么做呢？

3 虚心地向优秀者请教。

比起不动脑子的直接模仿，虚心请教更有利于自我成长。要知道，模仿的东西永远都是别人的，只有经过自己的过滤和沉淀，才能将别人的优点转化为自己的。所以，面对比自己优秀的人，我们不妨虚心地向对方请教，一起来探讨适合自己的成功之法。

第一章 | 找到自己,做自己

小力很会做课堂笔记,而芳芳的笔记老是做不好,她怎样向小力请教更好呢?

"我更喜欢B场景中芳芳的表现。"

第二章 哪里是你想到达的远方？

1. 痛苦意味着成熟的开始

我叫大壮,坐在小萌的后面。最近我迷上了一款网络游戏,导致学习成绩直线下滑。为了追回曾经的好成绩,我果断卸载了游戏,开始努力学习,然而我落下的课太多了,以致我的努力并没有达到预期的效果,这让我非常难过,不知道接下来该怎么办。

贝多芬16岁那年,他的母亲不幸去世,父亲也因受不了打击整日酗酒。面对家庭突如其来的变故,他没有选择沉溺于痛苦,而是将所有的精力都投入到自己热爱的音乐事业中。

在那些段痛的日子里,贝多芬将内心的痛苦和压抑,都转化成了自己通往音乐殿堂的动力,原本就天分极高的他,经过后天的勤奋努力,很快便成了音乐界的新秀。可正当他沉醉在音乐带给自己的快乐时,命运却跟他开了一个巨大的玩笑:他的耳朵聋了。

作为一个音乐家,耳朵就是贝多芬探索音乐世界的全部,没有了听力,也就意味着他将失去自己热爱的音乐。面对如此沉重的打击,他依然没有沉沦，相反，他依靠顽强的意志力，让自己学会了借助痛苦的力量茁壮成长。随后，他开始积极探索如何在听不见的情况下去弹奏、去作曲，经过不懈努力，贝多芬创作出了《命运交响曲》等世界名曲。

人在遭受重大打击时，难免会感到痛苦，这是人之常情，但这却不是我们停止前进的借口，而应当成为我们奋发向上的动力，因为这份痛楚更能激起我们对幸福的渴望。

痛苦是我们成长过程中的必然经历，只要我们能勇敢地去面对，便会为自己多增添一份成熟，因为这预示着我们已不再是那个不堪一击的孩童，而是能够克服痛苦、战胜痛苦的"小大人"了。其实痛苦并不可怕，可怕的是你深陷其中无法自拔，甚至很多时候，幸福和痛苦都是紧密连在一起的，我们经历过痛苦后，才能真正体会到幸福的美好。

怎样战胜成长路上的痛苦？

 保持良好的心态。

当我们感到痛苦时，首先要做的就是保持良好的心态，一旦我们的好心态崩塌了，不仅会影响到我们的生活，还会影响身边的人。对此，我们可以通过回忆过去的幸福时光，来让自己舒缓心情，放平心态。例如，我们痛苦时，可以想一想自己经历的开心往事；也可以翻看以前的照片或视频，让自己回忆那些美好的瞬间等。

大壮期中考试考砸了，心里非常难过，他怎样面对更好呢？

2 主动找人倾诉。

很多时候，我们之所以会陷入痛苦之中，是因为这种情绪没有得到释放，以致它像雪球般越滚越大。这时，最正确的做法，便是主动找人倾诉自己的痛苦，如我们可以向父母倾诉，让他们帮助我们渡过难关；也可以向好朋友倾诉，让他们陪我们一起面对等。

妈妈见大壮这几天不开心，于是询问缘由，大壮怎样回答更好呢？

3 巧妙运用"转移法"。

要想摆脱痛苦的纠缠,我们可以让自己从这种负面情绪中跳出来。对此,我们不妨试一试"情绪转移法",如我们可以在觉得痛苦时去做一些自己喜欢的事情,好让自己开心一点;也可以去挑战一下自己平时不敢挑战的项目,如登山、露营等,以转移注意力。

大壮最近心情很差,小虎问他周末有什么安排,他怎样回答更好呢?

2. 人生总是越努力越幸运

我叫明明,一直以来,我的学习成绩都不太好,因为这件事,我经常受到爸爸妈妈和老师的批评。其实我也很想提高自己的成绩,可不知道为什么,就是努力不起来。可是再看看小力,他期末考试考了全班第一名,

还被选去参加数学竞赛,他怎么就这么幸运啊?

卡耐基的朋友有个女儿,名叫温妮,她各方面都非常优秀,唯一的缺点就是从小便口吃。这位朋友为了治疗女儿的口吃,尝试了各种各样的方法,却都没什么效果。

这天,温妮放学后兴奋地告诉父母,自己被老师指定为毕业典礼上的演讲代表。说完,她便欢快地回房间去准备毕业致辞了。面对温妮精心准备的毕业致辞,父母为了不打击女儿的积极性,都心照不宣地回避了她的语言障碍,只是针对致辞提出了一些修改的意见。

毕业典礼那天,大家都屏住呼吸聆听温妮的致辞,因为很多人知道她有口吃的毛病,都纷纷为她捏了一把汗。然而,温妮昂首挺胸地走上演讲台后,却果断而流畅地讲完了致辞上的所有内容,整个过程仅仅用了15分钟,期间没有出现过一次口吃。

原来,温妮从准备致辞的那一刻开始,便下定决心要克服口吃造成的语言障碍,她每天很早便起床偷偷地练习,晚上睡觉前也会反复朗诵那份致辞。终于,经过一段时间的训练,她成功地克服了口吃,在毕业典礼上一鸣惊人。

没人一生下来就是天才,也没人一长大便能成功,那些天才和成功者的背后,往往都隐藏着不为人知的付出。在这个世界上,幸运从来都不是上天给的,而是通过自己的努力去争取的,只有那些肯努力付出的人,才能够牢牢地抓住机遇,让幸运降临。

第二章 | 哪里是你想到达的远方?

机会往往只留给那些有准备的人,我们现在所有的付出和努力,其实都是为了获得今后的机遇。想看日出,就得早起;为了梦想,就要坚持。的确,我们若想获得,就必须先给予,世界上从没有免费的午餐,我们想吃什么,都得要先努力去获取食材。

记住,只要我们肯努力、敢拼搏,就终有一日会迎来"幸运女神"的眷顾。

该如何努力奋斗呢?

① 制定一个奋斗的目标。

很多时候,并不是我们不想努力奋斗,而是找不到努力的方向,以致大好时光白白浪费了。对此,我们可以给自己制定一个长期的目标,然后再一步一步地朝着这个目标前进。需要注意的是,这个目标一定要清晰、明确,绝不能模棱两可,因为只有明确了奋斗方向,我们才不会偏离轨道,我们的努力才不会白费。

开学第一堂课上,老师问明明这个学期的学习目标,他怎么回答更好呢?

卡耐基给少年的成长书：肯定自己 超越自己

2 将大目标分解为能达到的小目标。

大目标只是我们努力的方向，若想让自己始终充满斗志，就要将大目标分解成我们能达成的小目标，每当我们完成一个这样的小目标，便可以为自己多增添一份动力。然后，我们再逐渐提高目标的难度和广度，让自己慢慢地进步，从而持续不断地努力奋斗。

小力在图书阅览室遇到了明明，问明明怎样完成这学期的目标，他怎么回答更好呢？

3 适当地加点"糖"。

不可否认，持之以恒地努力，有时候会让人觉得疲累，当这种感觉多次出现时，我们不妨适当地给自己加点"糖"，以犒劳辛勤付出的自己。如小进步给自己点小奖励，大进步给自己点大奖励，特殊情况则给自己一个"特殊奖"等，通过这些奖励鼓励自己更加努力地去实现目标。

明明在做数学练习题时非常烦躁，想要扔下不管了，他怎样自我激励更好呢？

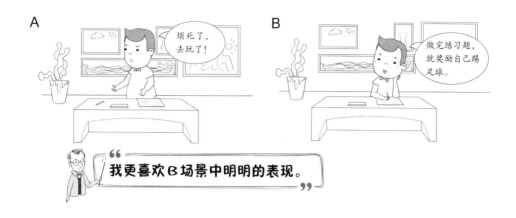

3. 接受失败，但不接受放弃

我叫花花，是班里的文娱委员。我学习舞蹈的培训班，每年都会推荐学生去参加市里的舞蹈比赛，今年老师推荐了我，我非常开心。我信心满满地去参赛，却在第一场初赛就被淘汰了，这让我备受打击。培训班的老师劝我不要放弃，坚持就是胜利，可我已经不想再继续跳舞了，怎么办？

有一个出生在美国纽约州小镇上的女人，她从小就想成为著名的演员。为了圆"演员梦"，18岁那年，她努力考进了一所舞蹈学校，但只学

习了3个月的时间,她就被学校劝退了。随后,她申请参加剧团排练,并积极地参与每一个节目的排练。

两年后,她不幸得了肺炎,更不幸的是,她的双腿开始萎缩。无奈之下,她只好回家休养。然而,接连的打击并没有吓倒她,她始终没有放弃梦想,为了圆梦,她每天都咬紧牙关,坚持不懈地锻炼双腿。经过不断努力,她的双腿终于能够行走了。

又过了整整18年,她还是没有成为著名的演员。

40岁那年,她终于获得了扮演一个电视角色的机会,她将这一角色演绎得十分生动,给观众留下了深刻印象。是的,她成功了!在艾森豪威尔就任美国总统的典礼上,人们从电视上看到了她的表演;英国女王伊丽莎白二世加冕时,人们再次欣赏到了她的表演……

她究竟是谁呢?她就是永不放弃的美国喜剧明星——露西尔·鲍尔!

生活中的我们,往往过于在意失败的痛苦,以致渐渐忘了要去获得成功。俗语有云:"失败乃成功之母",面对失败,我们应该学会坦然接受,然后再从失败中吸取经验,继续前行。成功其实很简单,只要你能比别人多坚持一会儿、多忍耐一下、多努力一次即可。

人生中,我们总会遇到各种各样的困难,失败了,从头再来;跌倒了,努力爬起来。一两次的失败不算什么,只要我们不放弃,就还有成功的希望,若放弃了,便什么都没有了。很多人之所以失败,并非没才能、无胆识或不够优秀,而是没有坚持到最后一刻。

如何培养不轻言放弃的意志力？

1 换个角度看待失败，让自己坚持下去。

很多时候，我们都是因为受不了失败的打击而选择放弃，对此，我们不妨换个角度去看待失败，从而让自己继续坚持下去。例如，当我们考试失败时，不要总想着老师出的试题有多难，也可以想想是不是自己在这一学科上，付出的时间和精力还不够多，等等。

花花因舞蹈比赛被淘汰想放弃跳舞，培训班的老师劝她坚持，她如何回答更好呢？

2 给自己的坚持找一个充分的理由。

当我们长时间做一件事时，难免会感觉到疲惫，想要放弃。这时，若我们能给自己找到一个充分的理由，让自己继续坚持下去，那自然就会摒弃放弃的想法。对此，我们可以用成功后的快乐来激励自己，也可以用不想让别人看扁来加强动力，还可以为自己的坚持设置一些奖励，等等。

花花向小萌抱怨学舞蹈太辛苦，小萌问她是否想放弃，她怎么回答更好呢？

3 罗列出放弃会造成的所有后果。

对于坚持，激励并不是唯一的方法，有时让自己清楚地认识到放弃的后果，往往更能达到意想不到的效果，所以，我们还可以罗列出选择放弃会造成的所有后果。例如，当我们想放弃学习时，就可以在纸上写上"被老师批评""被同学看不起""让爸爸妈妈失望和伤心"等后果。

花花有放弃舞蹈的念头，当妈妈问她的决定时，她怎样回答更好呢？

4. 你的收获和欲望成正比

我是小萌,是个没什么野心的女孩,每天做完作业后,我就会安静地待在房间里看书,节假日也会窝在家里看电视或刷新闻。我对成功没有欲望,也不想为了所谓的"尖子生"称号,就跟同学们暗地里较劲。但老师却因此找我谈了很多次话,说我的学习态度有问题,真是这样吗?

卡耐基在引导年轻人培养野心时,曾讲过这样一个故事。

这天,尼尔去拜访多年未见的老师。老师看见尼尔很高兴,便询问起他的近况。

面对老师的提问,尼尔满脸委屈地说:"我一点都不喜欢现在的工作,与我学的专业也不对口,整天无所事事;工资也很低,只能维持基本的生活。"

老师听后,吃惊地问:"你的工资如此低,你怎么还无所事事呢?"

"我没有什么事情可做,又找不到更好的发展机会。"尼尔无可奈何地说。

"其实并没有人束缚你,你不过是被自己的思想抑制住了,明明知道自己不适合现在的位置,为什么不去学习其他的知识,找机会自己跳出去呢?"老师劝告尼尔。

尼尔沉默了一会儿说:"我运气太差,这辈子从没遇到过好运!"

"好运一直都在,只是你缺乏野心,对成功的欲望不够强烈,以致从没想过要抓住它。"最后,老师严肃地说道:"一个没有进取心的人,永远不会得到成功的机会。"

在我开设的演讲培训班里,当学员们问如何才能获得成功的人生时,我给出的答案是:要想获得成功的人生,就必须先有渴求成功的信念。也可以理解为要有野心。

野心就是内心的欲望。心理学认为,强大的野心能促使人更加积极、主动,富有智慧,只有想获得成功的人,才能够成功。换言之,即我们的收获是和欲望成正比的。

当你有足够强烈的欲望去改变自己的命运时,所有的困难、挫折、阻挠都会为你让路,因为欲望能充分挖掘你自身的潜能,给予你无穷的力量。反之,如果一个人安于现状,那么身体中潜伏着的力量就会失去它的效能,他的一生便注定平庸。

怎样培养自己的野心?

1 开阔自己的眼界。

要想让自己变得有野心,首先就必须开阔眼界,因为井底之蛙很难滋生出伟大的梦想。对此,我们可以适当改变自己的生活方式,多阅读课外书,增长见识,也可以在节假日多出去走走,看看外面的大千世界,如我们可以约上好友一起去游玩,也可以跟父母一起去旅行等。

国庆假期,妈妈问小萌想不想去植物园,她怎样回答更好呢?

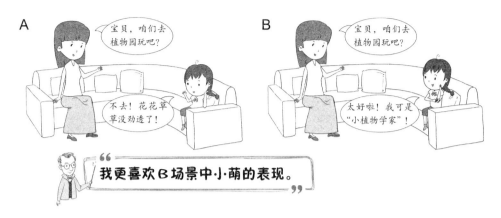

2 积累成功的经历。

有时,并不是我们没有野心,而是被失败磨灭了内心的欲望。对此,我们需要积累一些成功的经历,以唤醒自己内心的渴望。具体而言,就是尽量去做自己有把握的事情,如我们的英语口语很棒,那就去参加学校举办的英语口语演讲比赛等。

美术课后,老师问小萌想不想加入学校的美术小组,她怎样回答更好呢?

3 要保持适度的野心。

不可否认,野心越大就越能给予我们动力,可一旦我们的野心超出了自己的实际能力,便会迎来接二连三的失败,从而打击自己的自信心。所以,我们一定要保持适度的野心,换言之,即目标不能定得太高,应将它设置在我们通过努力就能达到的界限附近。

新学期开始,同桌小虎问小萌这学期的打算,她怎样回答更好呢?

我更喜欢B场景中小萌的表现。

5. 追求完美,但不苛求自己

我是芳芳,我非常羡慕班里那些人缘好的同学,他们无论走到哪里,都能被别人热情地对待。我也很想让大家喜欢上我,于是开始主动去帮助别人,时间一长,找我帮忙的人越来越多。我为了保持自己完美的形象,统统来者不拒,结果搞得自己每天都很累。

丽莎是一个绝对的完美主义者,她不仅严格要求别人,对自己也非常

地严苛。

丽莎要求自己凡事都要做到最好,只要是她完成的事情,就决不允许出现一点差错。比如,在她没有做好准备时,她会拒绝接待来访的客人,导致那些临时到访的朋友十分尴尬,只能无奈地原路返回;而在她手底下工作的员工,更是每天都被她训斥,一份简单的报告都要改了又改……她心目中的完美,在别人的眼里早已成为了一种挑剔。

这天,丽莎接了一个新项目,于是她第二天一早便召集手下的员工开会,讨论如何来完成这个项目。开会期间,她追求完美的本性又暴露无遗,一方面要求员工每件事都要做到尽善尽美,而另一方面又把时间卡得很紧,面对如此苛刻的要求,大家都不敢提出自己的建议,以致她不得不宣布暂停会议。最后还是她的上司出面协调,才迫使她在时间上松了口。

为了追求这种完美,丽莎得罪了不少人,大家都渐渐开始疏远她。而她为了超越别人,显示自己的完美和优越感,已变成了一台忙碌的机器,完全享受不到工作和生活的乐趣。

每个人都喜欢美好的事物,这是人之常情,正因为如此,我们都想让自己变得更加完美。这种想法本没有错,可因追求完美而过度苛求自己那就错了。要知道,我们每个人都不是完美无瑕的,不论是脾气、性格,还是习惯、思想,总有些地方难免会存在不足,作为独立个体的我们,更是各有所长、各有所短,若我们非要抹平自己所有的短处,便是自寻烦恼。

凡事都不可能一蹴而就,即便我们想追求更完美的自己,也应当一点点地去改变,所谓"欲速则不达",对自己太过苛刻,往往会起到相反的效果,将自己身上的瑕疵无限放大。所以,在追求完美的同时,我们也要学会适可而止,别过于强求。

卡耐基给少年的成长书：肯定自己　超越自己

如何做到不苛求完美？

1 接纳自己的不完美。

有时，我们对自己的不接纳、不肯定，往往是因为受到了身边人的影响，他们通过种种方式告诉你，你没有达到他们的要求，因此也不被认可。其实，只要我们可以接纳自己是不完美的，坦然接受自己的缺点，就不要在意他人的目光，更不要因此而苛求自己了。

芳芳为了迎合别人弄得筋疲力尽，当花花再次请她帮忙时，她怎样回应更好呢？

2 换个角度看事物。

很多事物都具有两面性，就像河里流淌着的水，它可以是送我们到达彼岸的动力，也可以是将我们彻底淹没的洪水猛兽，就看我们如何去使用它了。所以，当我们逼迫自己时，不妨试着换个角度去看待事物，学会宽容地对待自己，我们就会看到别人看不到的美好。

芳芳很羡慕那些朋友多的同学，朋友很少的她该如何面对这件事呢？

3. 享受过程,别过分注重结果。

苛求完美的人往往有种特性,那就是过于注重结果,并将过程视为自己获取结果的一种手段,因为他们决不允许自己失败。对此,我们不妨学会享受过程,别太过分注重结果,以达到让自己身心愉悦的效果。例如,不要一味地陷入枯燥的学习中,可以劳逸结合,该玩的时候痛快玩,该学的时候全情投入。

芳芳已经学习了很长时间,觉得有点累了,刚好小萌来找她玩,她怎么做更好呢?

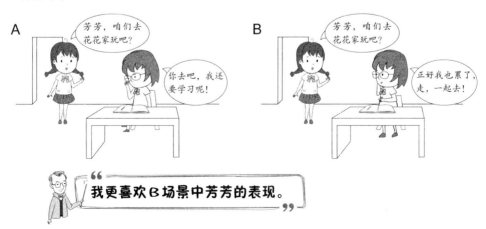

第三章 前行路上，最大的对手是自己

1. 不是全才，也别做庸才

我是花花，一直以来，爸爸妈妈都希望我能"德、智、体、美、劳"全面发展，于是给我报了很多兴趣班和辅导班，想让我成为全才。我觉得他们实在太夸张了，而且我对那些兴趣班一点都不感兴趣，只想开心地过日子。朋友都说我太甘于平庸了，以致我也疑惑了，真的是这样吗？

吉姆从小就爱好广泛，父母认为这是一件好事，因为他能从中学到更多的东西。长大后的他，渐渐开始钻研各种不同的领域，虽然每个领域都不太熟悉，却也能略懂一些皮毛。这天，他公司购买的一台设备坏了，上司听说他懂修理，便决定找他过来试试，以节省开支，谁知，他竟将那台机器修理得更坏了，上司得知后，非常生气。

这件事后，吉姆发现自己当不了全才，于是决定不再浪费时间去研究其他，而是集中精力做好现在的销售工作。通过不断地努力学习，他的销售技巧有了很大提升，但跟其他公司的销售精英相比，他还是稍逊一筹。为了磨炼自己的销售技巧，他换了一家新公司，在同事和领导的帮助下，他在一年内就将自己的销售额翻了一番，并在业界小有名气。

十年后，吉姆凭借多年积累的财富和人脉，创办了一家属于自己的销售公司。

在这个世界上，真正优秀的人才只占少数，大部分人都是平凡之辈。虽然我们不可能成为最顶尖的全才，却也不能因此而怠慢人生，整天浑浑噩噩地混日子，成为一个碌碌无为的庸才。也许，有些人认为，只要多接触不同的领域，就能够成为人人羡慕的全才，殊不知，他们充其量不过是略懂皮毛罢了，根本就没有进行深入研究，最后很可能会一事无成。

可见，我们与其把自己有限的时间分散到各处，还不如集中精力去攻克其中一项，让自己成为某一方面的专业人才，从而避免成为碌碌无为的庸才。人生只有短短几十年，我们应当学会放弃成为全才的空想，用自己的勤奋和努力，去换取与众不同的人生。

如何避免成为一个平庸的人？

1 努力磨炼一项特长。

每个人都有自己的特长和兴趣，只要我们努力地去磨炼其中一项，便不难成为这方面的佼佼者，届时自然也就不会成为平庸之辈了。例如，我们擅长绘画，那就在这方面下苦功。对此，我们可以报一个绘画班，系统地学习，也可以每个周末抽出固定的时间来练习，等等。

花花擅长舞蹈，妈妈想给她报一个舞蹈班，她怎样回应更好呢？

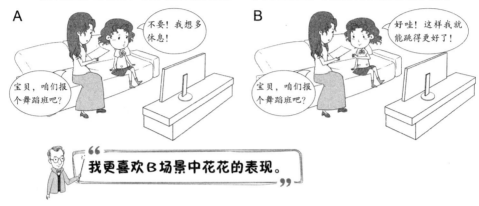

"我更喜欢B场景中花花的表现。"

2 多向优秀的人学习。

要想让自己成为不平庸的人，那就得努力使自己变得优秀。对此，最简单直接的方法，就是多向身边优秀的人学习。例如，我们想成为班里最受欢迎的人，那么就要学习受欢迎者们的说话技巧，学习他们平时与他人相处的习惯，以及他们处理人际关系的方法，等等。

芳芳发现花花最近闷闷不乐，于是询问她缘由，她怎样回答更好呢？

"我更喜欢B场景中花花的表现。"

3 时常反省自己。

有些时候,我们做错了而不自知,以致白白浪费了自己的时间和精力,让自己变成了一个碌碌无为的庸人。对此,我们要做的就是时常进行自我反省,看看自己这段时间的失误和成果,总结一下自己的得失,并根据总结纠正自己的错误,使自己不断进步。

花花已经学习舞蹈一段时间了,当兴趣班的老师询问她的感受时,她如何回答更好呢?

2. 战胜懒惰的自己

"我"的苦恼

我叫小虎,是小萌的同桌。周末,妈妈让我收拾自己的房间,我才懒得动,于是找理由溜了。我玩得太累了,洗漱后只想倒在床上睡觉,妈妈让我放好自己的衣物，以免周一上学找不到，我随口答应后便睡了，结果第二天因为找不到袜子而迟到。唉，怎么才能改掉懒惰的毛病呢？

露西从父亲手里接过企业后，便成了公司的老板，然而企业都是丈夫在管理，她也乐得清闲，只是变得越来越懒惰。后来，丈夫意外去世，懒惰的她不得不变卖企业以维持生计，可变卖的钱毕竟有限，而且她还要抚养两个孩子，生活渐渐拮据起来。

无奈之下，露西不得不出去挣钱养孩子。毫无一技之长的她，只能依靠每天帮别人料理家务来度日。刚开始时，由于不熟悉家务，她经常会毁坏别人家的东西，不但拿不到工钱，还要拿钱出来赔偿。为了避免这种情况再次发生，她战胜了懒惰，每天在家练习。

通过不懈努力，露西终于将料理家务变成了一项技能。这时，她发现很多现代妇女都忙于工作，无暇料理家务，于是她灵机一动，购买了一些清洁用品，专门帮别人做家务。几年后，早已不再懒惰的她，凭借自己的勤奋和丰富的经验，成立了一家保洁公司。

人总喜欢为自己的懒惰找借口，如"时间还早得很""反正也不是什么急事"……可一旦我们习惯了懒惰，就会白白浪费宝贵的时间。不可否认，每个人都会有身心疲惫的时候，停下来稍作调整理所应当，但如果长时间沉浸在安逸的环境之中，忘记了自己的责任和梦想，心灵就有可能会被懒

惰蛊惑，变得不思进取。

我曾说过，懒惰心理比懒惰的手脚不知道要危险多少倍。而且医治懒惰的心理，比医治懒惰的手脚还要难。所以，我们必须克服它、战胜它，最好能在第一时间便将它扼杀在摇篮里。

怎样去战胜自己的懒惰呢？

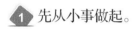 先从小事做起。

纠正任何一个坏习惯，都不是一件容易的事情，我们不可能一口气就改正。对此，与其从最难的地方入手，不如从小事开始做起，循序渐进地去改。不要小看任何一个小小的行动，只要我们能坚持下去，时间一长，便能养成一种习惯，使我们自动自发地这样做。

吃饭前，妈妈让小虎帮忙收拾饭桌，他怎么做更好呢？

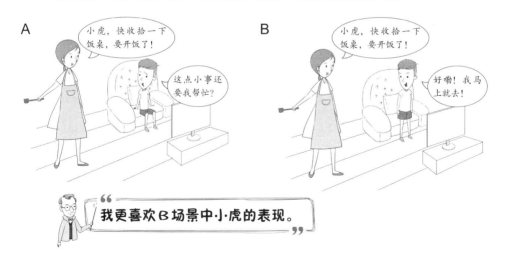

卡耐基给少年的成长书：肯定自己 超越自己

2 今日事今日毕。

懒惰的人，总喜欢把今天的事推迟到明天去做，殊不知，明天还有明天的事要完成，久而久之，需要做的事情堆积成了山。所以，若想战胜懒惰，我们就要养成今日事今日毕的好习惯，对任何事情都要抓住现在，不能犹豫，也不要拖延，立刻行动起来。

小虎正躺在床上玩平板电脑，妈妈问他有没有写完作业，他怎样回答更好呢？

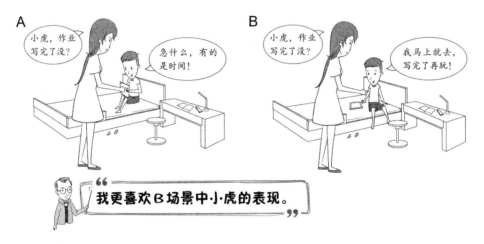

3 长期坚持下去。

任何一个好的习惯，都需要长期坚持下去，才能够形成自发的行为模式。倘若我们只是三分钟热度，新鲜劲一过便又打回了原形，那之前的努力就都白费了。所以，我们一定要坚持下去，不能放松警惕，直到惰性从我们心里消失、勤奋变成自己思维的一部分为止。

小虎已经连续一周主动收拾自己的衣物了，这天妈妈想帮他，他该如何选择呢？

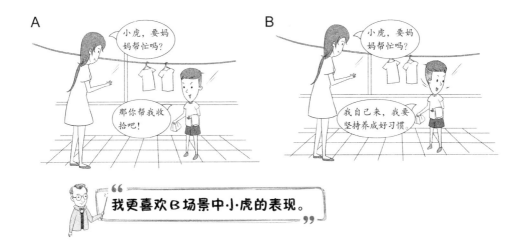

3. 不投入，自然了无兴趣

我叫泽泽，是小力的表弟。我一直都非常羡慕小力哥哥，他似乎做什么都能成功，而我却总是三分钟热度，每每不是半途而废，就是虎头蛇尾，草草结束。这天，我和小力哥哥一起玩乐高，他全程都非常投入，而我刚拼了个框架就觉得无趣，为什么会这样呢？

这天，卡耐基因为无法回家，便在附近的一家酒店住了下来。第二天

起床后，卡耐基不想出去吃早饭，于是叫了客房服务，前来服务的工作人员是一个墨西哥人。

随后，这位服务人员春风满面地告诉卡耐基，他很喜欢自己的这份工作，理由不仅仅是它在自己向往的美国，更重要的是他热爱这里的一切。接着他又告诉卡耐基，他每天都会早起，先整理好自己，再去服务那些住客，因为他想给住客们展示自己最好的一面，而在服务的过程中，晴天时他会跟他们谈论最近的天气，下雨天就跟他们一起欣赏这里的美景……

卡耐基从这位服务人员的口中了解到，他几乎将自己的全部精力都投入到了这份工作中，也正因为如此，他非常喜欢这里的生活，并觉得这样的日子快乐又充实。而卡耐基却在他身上看到了一个真理，那就是当我们全情投入时，就算是最无趣的事，也会其乐无穷。

卡耐基如是说

很多人之所以会失败，并不是他们缺乏才能、智慧或机遇，而是他们没有百分之百投入，以致最后半途而废。热忱是迈向成功的重要基石，我们做任何一件事，都唯有全身心地投入，才能让自己乐在其中，从而激发出更大的激情和动力，使自己可以长久地坚持下去。

我曾不止一次在课堂上告诉学员们，促使一个人成功的因素有很多，而居于首位的就是热情投入。生活中，我们不难发现，当我们发自内心地去热爱某件事物时，即使在别人眼中的我们苦不堪言，但我们自己却越干越起劲，甚至有时还到了忘乎所以的境界。

没错，这就是热情投入的魔力，它能给我们带来无穷的原动力，使我们乐此不疲。

如何提升对事情的投入度？

1 给自己一个积极的期望。

无论是学习，还是生活，都需要我们全身心投入。若想做到这一点，我们就要学会在做事情之前，给自己一个积极的期望。例如，我们可以给予自己积极的心理暗示，让自己更卖力地去完成，也可以想象一下自己完成后的情景，以增加自己完成的热情，等等。

爸爸给泽泽买了一幅拼图，爸爸问他什么时候能拼好，他应该怎么回答呢？

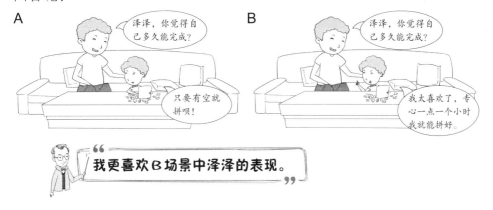

2 增强自己做事的责任心。

有时，我们之所以会做事三分钟热度，往往是因为缺乏必要的责任心，以致做每件事情都随心所欲，自己想怎么样就怎么样。对此，我们应当增强自己做事的责任心，如给自己一个明确的时间限制，倘若我们不能够按时完成，便会受到相应的惩罚等。

卡耐基给少年的成长书：肯定自己 超越自己

妈妈规定8点前要完成作业，到时间后，面对妈妈的询问，泽泽该如何回答呢？

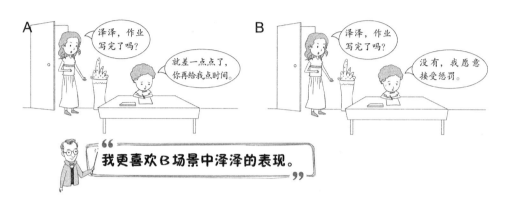

"我更喜欢B场景中泽泽的表现。"

3 给自己一个不受影响的环境。

有些人无法全情投入，是由于受到了环境的影响，如嘈杂的噪声，刺眼的灯光等。可见，我们还要给自己一个不受影响的环境。对此，我们不但要清除外界的干扰，还要保持所处环境的舒适度，以及处理掉会影响到我们的小物品，如水杯、食物和多余的文具等。

放学后，家里有个小妹妹的大力邀请泽泽去自己家写作业，他应该怎样回应呢？

"我更喜欢B场景中泽泽的表现。"

4. 放下过往，试着与自己和解

我是小力，我的成绩一直都很好，但这次期中考试，我却发挥失常考砸了。虽然爸爸妈妈并没有因此而批评我，但我还是觉得很难受，情绪也非常低落，无论做什么，脑海里都会不自觉地浮现出老师念班级名次的那一刻。我不想再这样下去了，我该怎么办？

卡耐基曾经跟著名拳击家杰克·登普西一起共进晚餐。在饭桌上，登普西谈起了自己输掉重量级拳王头衔的那段惨痛经历。

关于那场拳王比赛，登普西回忆道："在拳赛进行中，我突然发现自己变成了一个老人……到第十回合终了，我还没有倒下去，可是也只是没倒下去而已。我的脸肿了起来，而且有很多处伤痕，两只眼睛几乎无法睁开……我看见裁判举起吉恩·藤尼的手，宣布他获胜……我不再是世界拳王。"

不服输的登普西在一年后再次挑战藤尼，但不幸的是，他依然是以失败告终。这接连的打击让他十分沮丧，他觉得自己就这样永远完了。随后的日子里他虽然心情不太好，却并没有深陷其中，因为他不想活在过去，更不愿为打翻了的牛奶而哭泣。

于是，登普西强迫自己忘掉这一切，试着与自己和解。为了做到这一点，他将自己的注意力转移到了其他地方：经营百老汇的西餐厅和大北方旅馆；安排和宣传拳击赛，举行有关拳击赛的各种展览会……让自己的时间和精力都投入更有意义的事情中去。

放下过往后，登普西觉得"我的生活比我在做世界拳王的时候要好得多了"。

每个人都有伤心的往事，有的人选择放下，轻装前行，而有的人却执意要背着它上路，无端地给自己增添负担。很显然，前者的做法才是明智之选，因为我们唯有放下过去的包袱，才能更轻松地去迎接未来，否则当包袱越积越多时，我们就会被压得动弹不得。

每个人都知道时光连一分一秒都倒退不了，可仍然有很多人为了过去的不快，不停地叹息，折磨自己，这完全没有必要。对任何人来说，重要的一直都是现在和将来，过去已经成为历史，无论它曾让你多么伤心、难过，都已不复存在，我们应该试着去遗忘，摆脱它的纠缠，把时间和精力都投入更有意义的事情中去。

怎样才能让自己放下过往？

① 将负面情绪发泄出来。

当我们遭遇挫折或失败时，内心势必会存在一些负面情绪，倘若我们不能及时发泄出来,随着时间的推移,它会在我们的心里越埋越深。所以,面对过去不愉快的经历,我们首先要做的,就是让自己将那些负面情绪发泄出来,如痛快地哭一场,对着沙包打一通,等等。

小力期中考试考砸了,面对妈妈的理解和包容,他应该怎么做呢?

我更喜欢B场景中小力的表现。

2 不要轻易否定自己。

有时,当自己受到挫折和打击时,我们往往会下意识地否定自己,觉得这一切都是自己无能导致的。对此,我们一定要想办法重拾自信,如我们可以阅读一些名人战胜失败的故事,也可以给予自己一些心理上的暗示,还可以回忆自己曾经成功的经历等。

小力因考试考砸了而情绪低落,好朋友明明过来安慰他,他应该如何回应呢?

3 去尝试新的挑战。

对于那些失败的经历，要想让自己真正放下，最好的方法便是去尝试新的挑战，将过去变成一种回忆。对此，我们决不能盲目选择，而应当先易后难，即先从容易的挑战入手，待完成后，再逐渐增加挑战的难度，直到我们彻底忘记过往的痛苦。

明明为了帮助小力放下过往，邀请他一起参加手工兴趣小组，小力该如何选择呢？

5. 抛弃不适合你的欲望

我是大壮,最近我的蛀牙越来越严重,妈妈下令禁止我吃任何甜食。可我却是个"无糖不欢"的人,哪怕是吃稀饭,我都要在里面加两勺糖。这让我非常纠结,我很清楚如果再吃甜食,就不得不去医院拔蛀牙,但如果不吃,又会影响食欲,我该怎么办呢?

在欧洲的比利时王国,曾经有一个酷爱美食的君主,人们都叫他雷力德三世,由于每天大量进食美食,雷力德三世将自己吃成了一个大胖子。一年,他的弟弟爱德华发动了一场政变,把雷力德三世关进了一个房间里,弟弟还下令这个房间的门、窗永远不能上锁。

不仅如此,弟弟还告诉雷力德三世:只要他从那个房间走出去,便能重新回到从前的位置。可雷力德三世实在是太胖了,压根就不可能从门或窗里出来,但如果他能一日三餐都少吃一点,相信用不了几个月,便能离开那个房间。遗憾的是,弟弟每天都派人送来大量美食,而雷力德三世又控制不住自己的食欲,结果一段时间下来,他变得更胖了。

就这样,雷力德三世在那个房间一待就是十年,直到弟弟战死,他才被人放出来。然而此时的他,已经因为多年来暴饮暴食而百病缠身,仅仅活了一年就去世了。

人的一生中会面临很多选择，有些人战胜了自己的欲望，理性地作出了正确的选择，而有些人却因贪图一时的快乐，而放弃了长远的幸福。是的，欲望人人都有，但那些不适合自己的欲望，倘若我们不能及时抛弃，那么下场就会像雷力德三世那样。

其实，人生需要我们放弃的东西有很多，所谓"鱼和熊掌不可兼得"，如果不是我们该拥有的，就必须果断地选择放弃，否则我们可能会连已经拥有的都失去。人生有所得也必然会有所失，一味地追求得到，只会助长我们的贪念，唯有适时放弃，才能轻装前行。

如何学会取舍？

1. 按照事情的轻重缓急来取舍。

生活中，有很多事情需要我们去选择，如放学后是先回家，还是先去朋友家玩；回家后是先写作业，还是先玩电脑，等等。面对这些问题，我们常会摇摆不定，不知如何选择。对此，其实大可按照事情的轻重缓急来做选择，即最重要的事放在第一位，其次是不那么重要的事，最后是一点都不重要的事。

正忙着做饭的妈妈叫大壮下楼去买酱油，可他的动画片还没有看完，他该如何选择呢？

第三章 | 前行路上，最大的对手是自己

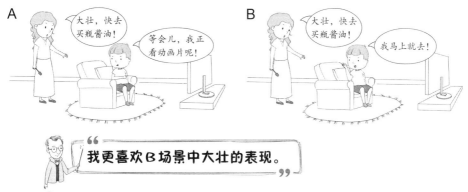

> 我更喜欢B场景中大壮的表现。

2 按照付出成本的高低来取舍。

有时，我们会遇到一些同样重要的事情，令我们难以取舍。对此，我们不妨从做这些事付出成本的高低来进行选择。例如，周末想跟朋友们一起出去玩，我们既想去博物馆，又想去科技馆，可身上的零用钱只有这么多，此时就应该进行取舍，如钱不多就选择票价相对便宜的场馆。

妈妈想让大壮报一个兴趣班，他不知道该选游泳，还是跆拳道，怎么办呢？

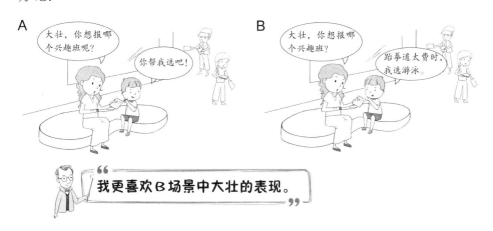

> 我更喜欢B场景中大壮的表现。

3 按照后果的严重程度来取舍。

很多时候，我们虽然知道该怎么做，却抑制不住内心的欲望，以致作

卡耐基给少年的成长书：肯定自己 超越自己

出了错误的选择。对此，我们可试着按照后果的严重程度来取舍，用可怕的后果来战胜那些欲望。例如，我们跟同桌吵架，是应该选择开诚布公地谈谈，还是用恶作剧来报复对方？答案是前者，因为前者有利于解决矛盾，而后者只会让事情变得更糟。

大壮因吃甜食太多导致蛀牙，面对妈妈发出的禁止令，他应该怎么做呢？

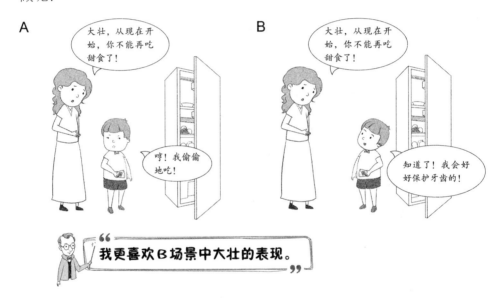

第四章 养成好习惯，让优点压倒弱点

1. 只找方法，不找借口

我是明明，我的学习成绩很一般。其实，我其他学科的成绩还算可以，唯独英语，常常让我头疼不已。对于英语中那些五花八门的语法句式，我只要想想就一个脑袋两个大，因此，我会找借口将英语学习往后拖，结果英语成绩越来越差。我该怎么办呢？

卡耐基有个朋友，名叫斯通。这天，斯通接到了一个电话，对方是他管辖范围内的一家销售公司的经理，名叫意斯特。意斯特在电话里激动地说："发生了一件令人吃惊的事！"

于是，斯通连忙问道："究竟发生了什么事？"并让意斯特赶紧把这件事告诉他。

原来，在这之前，意斯特便决定要将公司今年的销售额翻一番，这让

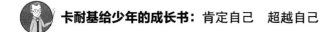

很多员工都面露难色，毕竟当时的经济并不景气，但令人意想不到的是，他竟然在短短的48个小时之内，就完成了这个目标。他是怎么让这一奇迹发生的呢？他靠的就是"只找方法，不找借口"。

面对巨大的销售压力，意斯特并没有选择逃避，而是赶紧想办法去完成它。为此，他找出了自己的客户记录卡片，发现上面有10家非常有潜力的客户，只要他能与其中大部分客户达成合作，就可以提前完成销售任务了。想到这里，他没有丝毫犹豫，立刻展开行动，他分别去拜访了那10家客户，用自己最大的热情和诚意去谈合作，最后他拿下了其中8家客户。

生活中，我们常能听到这样的话：如果我当时……现在早就已经……可惜世界上没有后悔药，事情永远都不可能再来一次。当面对问题时，很多人不是瞻前顾后、犹豫不决，就是浪费时间和精力去调查、分析等，尤其是在面对棘手的难题时，他们总喜欢找各种借口去逃避，却迟迟不肯寻找解决的方法，并立刻付诸行动，结果白白错失了解决问题的最佳时机。

危机往往都伴随着转机，哪怕这种转机微乎其微，成功者们都照样会积极地选择解决方案，而不是找借口去逃避、去拖延，因为他们深知，逃避解决不了问题，只会让事态朝着更严重的方向发展。所以，当难题找上门时，别找借口逃跑，赶紧想办法解决吧！

如何改掉遇事找借口的坏习惯？

 制定合理的计划。

很多时候，并不是我们故意找借口逃避，而是面对那些棘手的事情，压根不知道该从哪里下手才好。对此，我们不妨给自己制定一份计划，把需要解决的事情分解成一个一个的小问题，然后再一件一件地去完成。这不但能有效解决问题，而且能提高我们做事的效率。

妈妈发现明明最近英语有了进步，于是问他是怎么做到的，他怎么回答更好呢？

2 提高自己的执行力。

有些人之所以喜欢遇事找借口，往往是因为缺少执行力，以至于经常找借口来拖延和逃避。对此，我们可以将事情进行分解细化，提高执行力，让自己养成习惯，如制作一张作息时间表，规定自己早晨几点钟起床，几点到几点去学校，几点到几点写作业，几点钟睡觉……

明明因迟到而多次被罚,好朋友小力让他赶紧想解决办法,他该如何回应呢?

> 我更喜欢B场景中明明的表现。

3 给自己适当的惩罚。

无论是计划表,还是作息时间表,我们若不能遵守,那就等于在做无用功。所以,我们还要给自己一些适当的惩罚,以促使自己能够严格地去遵守。例如,当我们没有完成计划表中的任务时,可以按照后果的严重性来罚自己,也就是轻则轻罚,重则重罚。

明明今天去同学家玩,由于玩得太开心了,忘记了写作业,接下来他该怎么做呢?

> 我更喜欢B场景中明明的表现。

2. 别人不是天才，只是"坐得住"

我是小虎，从小就有点"多动症"，小时候活泼、好动，还挺可爱的，可长大后，我却被这个毛病给害惨了。其他的事情都还好说，学习的时候坐不住太浪费时间，比如说写作业时，我经常不是喝水、吃东西，就是跑去上厕所，结果导致每天作业都要写到很晚。我该怎样改掉这个毛病呢？

那年，哈佛收到了一份特别的入学申请，申请人坦言自己付不起学费，却保证能成为医学院最优秀的人才。他是谁呢？他就是后来获得诺贝尔生理学或医学奖的乔治·理查兹·迈诺特。

迈诺特从小就喜欢大自然，每当跟大自然接触时，他就会变得十分专注，也因为如此，他的童年过得有点与众不同：当同龄的孩子玩精致玩具时，他却在研究蝴蝶和飞蛾的生活习性；当别的孩子跟着家长游山玩水时，他却在野外摆弄不知名的花草；当其他孩子在家看漂亮的画册时，他却在观察蜘蛛是如何结网的……

随着年龄的增长，迈诺特将这种好奇心转移到了医学上，并一如既往地专注。

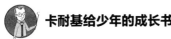

在哈佛求学期间,米诺特结识了志同道合的朋友墨菲,他们一拍即合,当即决定一起研究进食肝疗法,共同打开贫血疾病的"缺口"。为了了解牛肝的药效,他们将牛肝当成药物给患者们食用,并对不同的病例进行密切观察和试验。实验成功后,为了方便患者食用,他们进一步研究了牛肝里的有效成分,又通过大量的试验,将其制成了口服液和针剂。

世界上真正的天才少之又少,大部分人的优秀源于他们能"坐得住",即可以专心致志地去做事。对此,爱默生曾说:"专注、热爱、全神贯注于你所期望的事物上,必有收获。"对我们而言,专注力是否强也是我们学习和做事能否成功的关键。

古往今来,很多被大家公认的天才,其实并不是一出生就优秀,而是他们的一生都专注于一件事,正是这份专注,为他们打开了通往成功的大门。在班级里,只要我们稍稍留意,便会发现这样一个事实:尖子生与普通学生的区别往往就在于,前者能几个小时雷打不动地认真学习,后者却一会儿玩玩文具盒里的橡皮,一会儿又转转自己手里的笔。可见,我们若想取得成功,首先应该去做的,就是培养自己的专注力。

如何培养自己的专注力?

1 认真地对待每一件事。

生活中,不少人觉得只需要对重要的事认真,从而忽视了那些"不太

"重要"的事情,以致养成了注意力不集中的坏习惯。对此,我们要学会认真地去对待每一件事,无论事情大小,也不管它是简单还是困难,我们都应当全神贯注地投入其中,直到圆满地完成。

同桌小萌五一要跟爸爸妈妈去旅游,想让小虎帮忙照看宠物,他如何回答更好呢?

我更喜欢B场景中小虎的表现。

2 逐渐延长专注的时间。

长期注意力不集中的人,往往很难一下子长时间专注在一件事上,对此,我们千万不能操之过急,而应当逐渐延长专注的时间,通过量的积累逐渐达成质的转变。例如,我们可以用闹钟来设定时间,慢慢延长专注时间;也可以用手表来记录自己的专注时间,逐渐提升自己的专注力。

小萌发现同桌小虎有"多动症",并好心提醒他,小虎怎样回应更好呢?

卡耐基给少年的成长书：肯定自己　超越自己

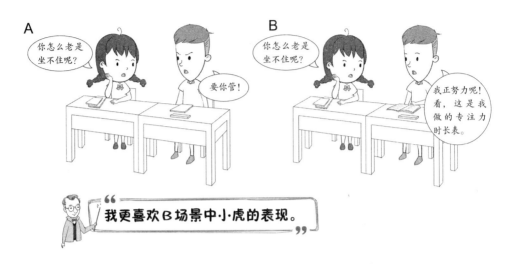

3 适当做一些训练。

很多能力都能通过后天的训练养成，专注力也不例外。对此，我们可以做些抗听觉干扰的训练，如在嘈杂的环境中阅读；也可以做些感官协调方面的训练，如大声地朗读一篇课文；还可以做些有趣的游戏来增强专注力，如跟好朋友一起玩绘画游戏，等等。

小虎上课时注意力不集中，老师已经提醒他很多次了，他该怎么办呢？

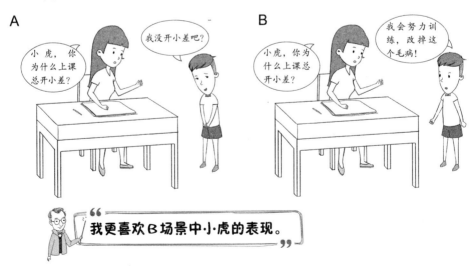

3. 近朱者赤，多结交优秀的朋友

我是芳芳，最近在学校交到了一个好朋友，这让我非常开心。只不过，我的这个好朋友似乎不怎么爱学习，她每天不是拉我出去玩，就是跟我说学校里面的八卦，以致我的时间都没用到学习上，成绩也变得越来越差。其实我也想和优秀的人交朋友，但应该怎么做呢？

这天，亚当在杂志上读到了一篇关于大实业家威廉·亚斯达的故事，他很想跟这位优秀的成功者交朋友，从而获得更多的成功经验，并希望从亚斯达那儿得到一些给年轻人的忠告。于是，第二天一早，亚当便到了纽约，也不管亚斯达几点开始办公，就敲开了对方事务所的大门。亚当在事务所的第二间房子里，认出了面前的那个人就是他想要结交的亚斯达。

面对突然闯进来的少年，亚斯达有点厌烦。可当亚当问他："我很想知道，我怎样才能赚到百万美元？"亚斯达的神情开始柔和起来，他十分欣赏亚当的直白，于是两人围绕这个话题，谈了足足一个小时。随后，亚斯达告诉亚当，若想获得更多成功人士的经验，还应该去访问其他实业界的名人。亚当按照亚斯达的指点，遍访了一流的商人、银行家等。

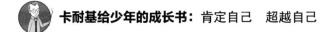

后来,亚当借鉴他们的成功经验,开始发展自己的事业。24岁时,他便成了一家农业机械厂的总经理,几年后,他如愿以偿地拥有了百万美元的财富。

很多人都喜欢与比自己差的人交往,没错,这的确能让我们获得一种优越感,但在跟这些人交往的过程中,我们往往很难学到有用的东西。相反,倘若我们多去结交那些优秀的朋友,就可以学习他们身上的优点,并吸取他们成功的经验,然后共同进步。

在人生的旅途中,朋友的作用至关重要,所以我们在选择朋友时,一定要慎之又慎。对此,我的建议是:如果你想获得成功,就要时刻在自己的身边形成一个"成功"的氛围。无论是在生活中,还是在学习上,我们都需要比自己优秀的朋友,来不断刺激自己力争上游。因为优秀的人对我们而言,就是一个更高的平台,能帮助我们一步一步登上成功的顶峰。

如何才能结交优秀的朋友?

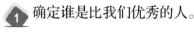

1. 确定谁是比我们优秀的人。

要想结交优秀的朋友,我们首先要做的,就是确定哪些人是比我们优秀的人。这里所指的"优秀",不一定非要对方作出过什么杰出的贡献,而是指在某方面比我们强的人,如学习能力比我们强或品格比我们高尚等,只要对方有做得比我们好的方面,他便是值得我们去结交的优秀者。

妈妈给芳芳报了舞蹈班，但她却学得很吃力，她该怎么办呢？

2 接触比自己优秀的人。

优秀者往往会不惜花费时间和精力，让自己变得更加优秀，对此，他们会组建自己固定的圈子，如成绩优异的人会建立学习小组，能歌善舞的人会组织文娱活动等。所以，我们若想接触比自己优秀的人，就可以有针对性地去参加一些能提高自身能力的活动。

芳芳最近成绩下滑，恰好尖子生小力邀她加入学习小组，她该如何选择呢？

卡耐基给少年的成长书：肯定自己 超越自己

3 将优秀人才为自己所用。

无论是确定优秀者，还是接触优秀的人，我们最终的目的，都是将优秀的人才为自己所用。对此，我们应当先学会真诚地与对方交往，再适当运用一些人际交往中的技巧，如投其所好，或寻找共同话题，抑或分享自己的小秘密等，让彼此的关系变得更加亲密。

芳芳想跟班里人际关系最好的花花发展成好朋友，二人在操场的大树下聊天，聊着聊着交换起秘密来，芳芳怎么做更好呢？

4. 与其抱怨，不如开始改变

我是花花，最近由于忙着组织儿童节的活动，很少有时间去找小萌玩。

谁知，小萌这几天又交了一个新朋友，看着她们每天一起上学、放学，我心里不是个滋味，于是开始向别人抱怨。小萌知道后便彻底不理我了。这可不是我想要的，我该怎么办呢？

卡耐基曾创办过一个很大的成人教育补习班，并且在很多城市都设有分部，他为了组织和宣传补习班，花费了大量的金钱。当时，他忙于授课，压根就没有时间去管理财务上的事情，再加上经验不足，不知道设立一个业务经理来支配各项支出，一年后，他发现虽然补习班的收入十分丰厚，却没有获得一点利润。

这个事实让卡耐基十分苦恼，他经常抱怨自己太倒霉，抱怨上天不公平。

实际上，当卡耐基发现补习班没利润时，倘若他能冷静下来，马上着手去做两件事，补习班的收益问题就不会困扰他了。做哪两件事呢？第一，忘掉已经发生的事实，将补习班没有盈利的事情，从自己的脑子里抹去；第二，认真分析自己犯错的原因，然后立刻想办法解决。

很可惜，卡耐基当时并没有这么去做，他被这件事困扰了很久，一连好几个月都恍恍惚惚的，吃不下，也睡不好，体重都减轻了不少。

人生之不如意十有八九，对此，有些人总忍不住抱怨，怨自己太倒霉、怨别人太讨厌等。实际上，他们的抱怨除了浪费时间外，起不到任何的作用，他们并不能从此就变得幸运，别人也不会因此而去讨他们喜欢，甚至有时，他们的抱怨还会让情况越变越糟。可见,抱怨是一件毫无意义的事情,唯有开始改变,才能让生活朝着好的方向发展。

很显然,我们无法改变别人,只能改变自己,我们唯有抛弃抱怨的恶习,用行动去改变现状,才能让事情往好的方向发展。聪明的人从不抱怨,他们会把抱怨的时间用来查找自己身上存在的问题,进而寻找解决问题的方法,让自己不断进步。

怎样改掉抱怨的恶习?

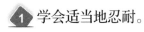

当不如意的事情发生时,我们不要第一时间就开始抱怨,而应该学会适当忍耐。对此,我们可以做几次深呼吸,先让自己冷静下来;也可以给自己积极的暗示:这不过是一些鸡毛蒜皮的小事,没必要斤斤计较;还可以去想一些愉快的事情,转移一下自己的注意力,等等。

花花在班级竞选文艺委员时,意外落选了,她怎样面对这件事更好呢?

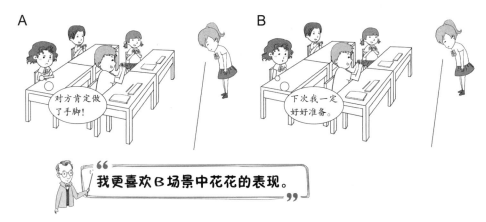

② 分析自身的原因。

很多时候,并不是命运对我们不公,而是我们自己还不够优秀,以致犯下了些许过错。这时,我们不妨将抱怨的时间用在分析自身的问题上,如当我们跟好朋友吵架时,我们可以分析一下是不是自己说错了话,或自己不小心做错了事,以致对方不高兴等。

花花最近四处跟别人抱怨小萌,以致小萌生气不理她,她怎么办更好呢?

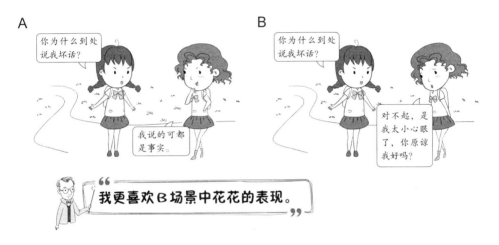

③ 远离喜欢抱怨的人。

此外,抱怨还有一个明显的特点,那就是传染性非常强,所以,若想让自己改掉抱怨的坏习惯,我们就要远离那些喜欢抱怨的人。对此,我们在听到别人抱怨时,可以安静地做一个倾听者;也可以找个借口迅速离开;还可以佯装没看见对方,戴上耳机听音乐……

课间,刚被老师批评的芳芳来找花花抱怨,花花如何应对更好呢?

5. 把好习惯坚持下来

我是小虎,我做事一直都非常认真,但喜欢凑热闹的毛病,却让我无法把这个好习惯坚持下来。比如今天妈妈让我去买水果,于是我拿着钱早早就出门了,途中遇见有人在吵架,于是凑了个热闹,结果看到下午一点多才回来。为此,妈妈批评了我很多次,我该怎样办呢?

本杰明·富兰克林是美国杰出的政治家、科学家,美国开国元勋之一。

一直以来，这位伟人都有一个良好的习惯，那就是每天晚上他都会把当天的事情重新回想一遍。

经过一段时间的反复验证，富兰克林发现自己有13个很严重的错误，其中最为严重的3个是：浪费时间，经常为小事而烦恼，喜欢跟别人争论。他意识到除非自己能够改掉这些臭毛病，否则自己这一生都不可能获得什么大的成就。

为了改掉自己的缺点，富兰克林养成了坚持每天做记录的习惯，因为他决定每个星期选出一项自己的缺点来搏斗，然后将自己每天的输赢都记录下来。如果自己输了，那下个星期继续跟这个缺点搏斗，倘若自己赢了，那下个星期就再选出一项缺点，准备充分再接下去做另一场战斗，如此反复循环。就这样，他改掉了若干缺点，把一个又一个的好习惯都坚持了下来。

对任何人而言，一个良好的习惯都远胜于千百次的说教，尤其是还处在学习阶段的少年儿童，更应当养成好的学习习惯，并将其坚持下去。人并非生来就具有某些恶习或不良习惯，好多都是后天养成的。同理，好的习惯往往也需要我们培养并坚持，这样才能成为我们迈向成功的助力。

纵观历史，但凡获得过卓越成就的人，他们始终都坚守自己的良好习惯：司马迁读万卷书，行万里路，写下了"史家绝唱"；老舍坚持每天写2000字，成了中国现代文坛上勤奋、颇有成就的"文牛"……如果我们也能坚持养成自己的好习惯，势必也可以在成长的道路上获得些许成就。

卡耐基给少年的成长书：肯定自己　超越自己

如何将好习惯坚持下去？

 找出不能坚持的原因。

任何问题的出现都是有原因的，不能坚守好的习惯也是一样。我们若想做到坚守好习惯，首先就要找到问题的症结，即我们为什么不能坚持下去，是因为贪玩无法继续，还是因为懒惰心理在作祟。只要我们能找出具体的原因，接下来就需要对症下药，确保能继续坚持好习惯。

小虎每天都因赖床而无法早起，面对妈妈的善意提醒，他怎么做更好呢？

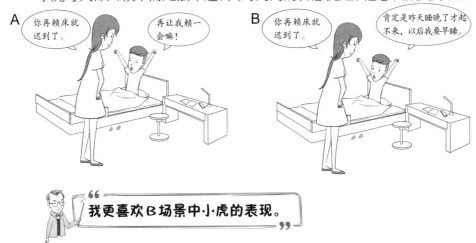

> 我更喜欢B场景中小虎的表现。

② 坚持做与好习惯相关的事。

很多时候，习惯并不是孤立存在的，它会有很多衍生出来的分支。我们若想将好习惯更好地坚持下去，就要坚持去做与它密切相关的事，以引发它们之间的共鸣。例如，我们要坚持每天早睡早起，那么，除了按时起床和睡觉外，我们还应当坚持每天遵守良好的作息时间。

小虎经常因看热闹而误事，当面对妈妈的批评时，他应该如何回应呢？

第四章 | 养成好习惯，让优点压倒弱点

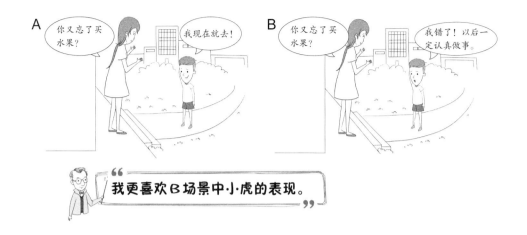

3 将自己的习惯数字化。

有些人对自己的习惯十分随意，认为只要自己保持了就行，并不在意效果究竟好不好，直接将好的习惯变成了一种形式。对此，我们不妨将自己的习惯进行数字化，如阅读习惯，我们可以规定自己每天睡前读十分钟的书，这样才能避免形式主义，让自己真正获益。

妈妈想让小虎养成按时完成作业的好习惯，面对妈妈的要求，他怎么做更好呢？

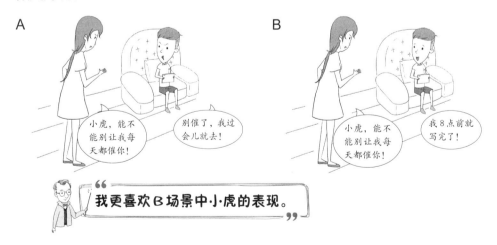

卡耐基给少年的成长书：肯定自己 超越自己

第五章 成为更勇敢的自己

1. 勇敢地迈出第一步

我是大壮，我每年暑假都会去乡下看望奶奶。奶奶家隔壁邻居养了一条很凶的大黄狗，也不知道为什么，每次我路过他家门口，那条大黄狗都会冲着我叫唤，我吓得都不敢从他家门口过了。奶奶知道这件事后，告诉我只要勇敢地迈出第一步，就能战胜心中的恐惧，我应该相信奶奶的话吗？

12岁的泰德·斯坦坎普是个胆小的男孩，他曾被邻居家的孩子欺负，不敢出门。这天，父亲为了奖励他帮忙修剪草坪，给了他一些钱，让他去看电影和买冰激凌。他虽然开心地把钱放进了口袋，却并没有去看电影，因为他怕出门会遇见那个邻居家的小男孩。

当时，父亲以为泰德生病了所以没去，便关切地问了几句，泰德由于心虚，所以回答得含糊其词。第二天傍晚，他觉得邻居家的那个孩子应该回家了，便去了巷子里玩弹珠，没想到突然一个可怕的巨人朝泰德冲了过来，他吓得转身跑进了自家的车库，谁知他还没进车库，就被父亲拦住了。父亲问他怎么了，他谎称自己正跟邻居家的孩子玩捉迷藏。

父亲见状，向车库外走了几步，喊道："出来，胆小鬼！"只见父亲手里拿着一根又长又厚的汽车皮带，他语气平静地告诉泰德，如果他不敢面对那个"大块头"，就必须挨皮带。无奈之下，泰德只好硬着头皮迈出了第一步，勇敢地冲向了那个巨人。结果让他没想到的是，他三拳两脚就打倒了对方。看着那个狼狈逃窜的背影，他朝着父亲开心地大笑起来。

在我们成长的过程中，常常会有许多美好的想法，但真正去实现它们的人却并不多。为什么呢？因为我们没有勇气迈出艰难的第一步！的确，我们的每一次尝试都是在冒险，且不说在此过程中会遇到怎样的难题，仅仅是那50%的失败概率，就足以吓得我们连连后退了。

其实很多时候，并不是我们胆小、懦弱，而是没有足够的勇气迈出第一步。一个胆怯的人往往是没有自信的人，以致在面对问题时不是退缩不前，就是逃避，不敢行动。殊不知，勇敢和成功是一对好伙伴，只要我们能迈出最艰难的第一步，勇敢地去尝试，即便最后失败了，我们也会因为战胜了自己的胆怯，而收获一份喜悦。

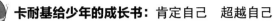

如何让自己有勇气迈出第一步？

1 撕掉别人贴的"标签"。

有些人并非不敢迈出第一步，而是在别人的影响下选择了退缩，如父母说他胆小，不适合一个人出门；或朋友们觉得他胆小，最好别去玩"鬼屋"等。对此，我们应该撕掉别人给我们贴的"标签"，不要轻易受他们影响，待冷静思考过后，再勇敢地去尝试。

大壮家突然停电了，妈妈怕独自在房间写作业的他害怕，连忙去陪他，对此大壮怎么回应更好呢？

2 用行动战胜恐惧心理。

面对难题时，我们往往会产生一种恐惧心理，正是在这种心理的牵绊下，我们迟迟不敢迈出第一步。此时，我们不妨试着抛开大脑里的一切杂念，不要去想完成这件事有多难，也不要去担心自己会不会失败等，而是直接开始行动，用实际行动去战胜自己内心的恐惧。

大壮因为害怕隔壁家的大黄狗不敢出门，奶奶让他勇敢地迈出第一步，他该怎么做呢？

3 制作一份"勇气清单"。

有时，我们之所以会觉得第一步艰难，常常是因为内心的勇气不足。对此，我们不妨制作一份"勇气清单"，将那些自己勇敢完成的事都一一记录下来，如帮妈妈赶跑了蟑螂，跟爸爸走完了"鬼屋"等。当我们缺乏勇气时拿出来看一看，让它给我们加油、打气。

大壮想参加学校的辩论赛却又不敢去，明明问他时，他该如何回答呢？

2. 在关键时刻全力以赴

我是小力,最近语文老师推荐我去市里参加作文比赛,我非常开心,觉得这是为班级和学校争光的好时机。我觉得以自己的写作水平,足以挺进前三,所以并没有花太多的时间去准备,结果只得了个第六名,这让我很难过。为什么会变成这样呢?

这一年,一场空前的经济灾难,使不计其数的大资本家纷纷破产,海上运输事业也因受到波及而处于低迷状态。一家加拿大的运输公司为了能度过危机,准备拍卖自己名下的8艘货船,这些货船10年前价值100万美元,如今仅以每艘3万美元的价格起卖。

奥纳西斯得到消息后,开始分析当前的形势:经济或许会持续低迷,但交通运输却不会永远萧条下去,相信用不了多久,海上运输事业便会恢复生机。他觉得这是一个大好的机会,于是决定在这个关键时刻全力以赴,拿下那家公司所有的货船。随后,他一方面多方打听,联系上了那家加拿大的运输公司,另一方面他四处向亲朋好友借钱,最后终于如愿以偿。

果然不出奥纳西斯所料,经济危机过后,海运行业的回升居于各行之首,他买下的那些货船,一夜之间价格倍增。就这样,他一步一步坐上了希腊船王的宝座。

卡耐基如是说

在我们的成长过程中,有很多可以改变命运的关键时刻,如竞技比赛,升学考试,职业晋升,等等。实际上,它们就是我们正在等待的机遇,如果我们能在这些时刻全力以赴,便可以让自己的人生迈向另一个高峰,否则,当机会悄悄地溜走,我们便只能追悔莫及。

生活中,我们多数人的毛病是,当机会朝我们冲奔而来时,我们会兀自闭着眼睛,很少人能够全力以赴地去抓住它。人生的机遇,往往都是可遇而不可求的,一旦我们错过了这一次的机会,便很难遇到上天的再次眷顾。所以,当我们下定决心要做某件事时,千万不能因这样或那样的顾虑而摇摆不定,也不能轻易地被他人所影响而有所保留,一定要全力以赴。

你可以这样做

如何在关键时刻做到全力以赴?

 提前做好充足的准备。

俗语有云:机遇只会留给有准备的人,可见,唯有我们先做好充分的准备,才有可能在关键时刻做到全力以赴。对此,我们要尽可能地去获取各种各样的知识,这就需要我们养成良好的阅读习惯,尽量多阅读一些书籍,并将有用的知识记录下来,以不断丰富自己的知识储备。

卡耐基给少年的成长书：肯定自己 超越自己

小力要参加市作文比赛，当明明问他准备得如何时，他怎么回答更好呢？

我更喜欢B场景中小力的表现。

2 集中所有的时间和精力。

要想做到全力以赴，我们就必须集中自己所有的时间和精力，而不是三心二意，一会儿去做这个，一会儿又去做那个。对我们而言，每一个人生中的关键时刻，都是我们迈向成功的助力，唯有全力以赴地去完成，才能牢牢地抓住机遇，否则便会与成功失之交臂。

小力正在为作文比赛做最后的冲刺，明明来找他玩，他该如何选择呢？

我更喜欢B场景中小力的表现。

3 不要忽略那些简单的事。

很多时候，人们都喜欢挑战高难度的事情，从而忽略了那些简单的事，以致自己没有全力以赴，最后以失败告终。因此，我们应当学会合理对待简单的事情，对于那些简单却重要的事情，一定要努力将它们做到最好，如此，我们才不会让任何一次机遇白白流失。

期末考试将至，明明问小力应该怎样复习，小力如何回答更好呢？

3. 拒绝"盲从"，勇敢说"不"

"我"的苦恼

我是明明，最近，班里的男生经常在一起讨论某品牌新出的鞋，他们都说这次推出的鞋子非常帅气，甚至还有几个同学已经买了。我被他们说得心里痒痒的，于是也央求妈妈给我买一双，可妈妈却说那双鞋压根就不适合我，我该不该坚持让妈妈买呢？

　　卡耐基曾参加过一次学术会议，会议讨论到最后时，早已偏离了原本的主题，议题转移到了一个颇有争议的问题上。经过一番激烈辩论，除杰森以外，大家的观点都达成了一致。

　　杰森始终小心翼翼地回答所有问题，以避免引起更多争论，直到有一个人跳出来，当面问他如何看待这个问题时，他才改变了自己的态度。只见他笑着说："在这个大多数人都达成一致的场合，我本不应该发表意见的。既然您问到了，我就说几句。"

　　紧接着，杰森侃侃而谈地说出了自己的不同意见，立刻他就被其他人反对的声音包围。然而，孤立无援的他却寸步不让，一次又一次地努力反驳，他始终坚持自己的想法。

　　虽然杰森最后并没有说服任何一个人，但他不盲从、不妥协的勇气，却赢得了大家的一致尊重。

　　生活中，人们普遍都拥有一种"从众心理"，即喜欢跟风、盲从、人云亦云等。例如，当某人突然抬头望向天空时，他身边的人也会陆续停下脚步，跟他一起抬头仰望天空，大家都以为天空中有什么异物，殊不知，这个人不过是因为流鼻血而需要仰一会儿头罢了。

没错，盲从就是如此可笑，但很多时候，我们陷入其中却不自知。对此，哈罗德·多德兹曾说："如果你有一个真正独立的灵魂，你就会发现，妥协只会给你带来失落感。"事实也的确如此，一个真正有主见的人，绝不会轻易妥协或让步，因为他们深知，盲从无法使自己进步，唯有勇敢地坚守真理，才能养成不屈不挠的优秀品质，进而取得成功。

如何让自己不再盲从？

 学会独立思考。

一个拥有独立思想的人，往往不会盲目跟风，因为他们遇事会先进行理性思考，分析事情的对错，以及自身的利弊得失等。可见，要想做到不盲从，我们就要先学会独立思考，遇事不能太冲动，脑袋一热便做决定，而应当冷静地思考之后再理性选择。

明明遇到了一道数学难题，当好朋友小力提出帮忙时，他应该如何选择呢？

2 提升自己的判断力。

有时，我们之所以会盲从，是因为自身的判断力太差，以致遇事不知道该如何选择。所以，若想让自己不盲从，我们也要提升自己的判断力，以及独立认知事物的能力。对此，我们应当树立正确的价值观、人生观、世界观，以确保自己不会因受到外界干扰而做出错误选择。

明明想让妈妈给自己买当下最流行的运动鞋，可妈妈拒绝了，他该怎么办呢？

3 要敢于质疑。

权威常常会给人一种震慑，使得他人不敢轻易反对，但这不过是一种表象，因为每个人都会犯错，当我们发现错误时，要敢于质疑，敢于表达自己的想法，以避免盲目地服从或听从。即便是再微小的建议，只要是我们自己提出的，那也是有灵魂的。

明明发现老师改错了自己的试卷，他应该怎样来对待这件事情呢？

4. 有时，后退也是一种勇敢

我是大壮，为了能顺利通过钢琴考级，我最近都在疯狂练习，每天除了学习外，我几乎将所有的时间都用在了练习上，周末更是窝在家里练习，哪儿也不去。可能是练习的时间太久了，我的手指微微有点肿，妈妈见状强行命令我休息，我该听妈妈的还是坚持练习呢？

在卡耐基开设的补习班里有一位女学员，为了成为一个优秀的人，她

每天都在拼命地刻苦学习，经常不是顾不上吃饭，就是在深夜挑灯夜读，以致作息时间有些混乱。

这天，卡耐基像往常一样来上课，但课上到一半时，这位女学员却突然晕倒了，大家都被这突如其来的一幕吓坏了，卡耐基见状立刻打电话叫来救护车，将那位女学员送到了医院。经过详细检查，医生发现她的身体没什么大问题，只是劳累过度引发低血糖，使得她突然昏厥，在家好好休息几天就能恢复了。可这位女学员却担心自己的学业。

卡耐基得知女学员的困扰后，对她说道："努力进取的确是一件好事，但你要学会适当地后退，否则累坏了身体，你就只能一辈子待在家里，那可就得不偿失了！"

在世人的眼中，似乎不断地奋勇向前才是勇敢的表现，殊不知，后退也是一种勇敢。的确，努力奋斗是人生的主旋律，但当我们感到疲累时，若依然一味地向前奋进，只会增加自己的负担和压力，唯有勇敢地后退一步，让自己稍作休整，才能更好地去拼搏。

人生固然需要锐意进取，追求上进，但有些时候，我们还应学会适当地后退。成功的人之所以能够成功，是因为他们都有一个共性，那就是知道自己什么时候该前进什么时候该后退。其实，相对于勇往直前，后退往往需要更大的勇气，因为后退意味着放弃和失去。有时候，后退能让我们更好地看清自己，从而弥补自身的缺点和不足，以成就更好的自己。

你可以这样做

什么时候应该选择后退呢?

 当我们身心疲惫时。

人的精力是十分有限的,一旦过度透支,便会感到倦怠。这时,我们不妨试着后退一步,好好地休息一下,待自己恢复了往日的状态后,再继续奋勇向前。例如,我们做了一天的作业,感到身心疲惫时,不妨先停下来休息,如戴上耳机,听几首好听的音乐再继续。

大壮最近疯狂地练习钢琴,手都弹肿了,妈妈强行命令他休息,他该怎么办呢?

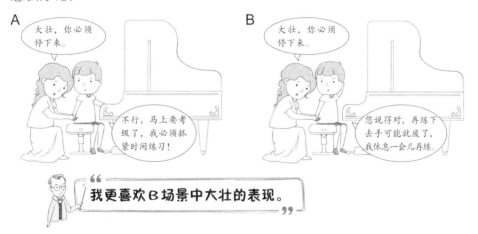

"我更喜欢B场景中大壮的表现。"

 当我们感到迷茫时。

人生起起落落,不可能始终都一帆风顺,当遭遇挫折和失败时,我们常常会觉得前途渺茫,不知道何去何从。这时,我们若还是一味地奋进,势必会深陷失败的泥潭,让自己遭受更大的打击。我们不妨后退一步,先厘清思路找到正确的方向,再继续前行。

卡耐基给少年的成长书：肯定自己　超越自己

大壮努力了很久，成绩始终不见起色，他有些迷茫了，接下来他该怎么办呢？

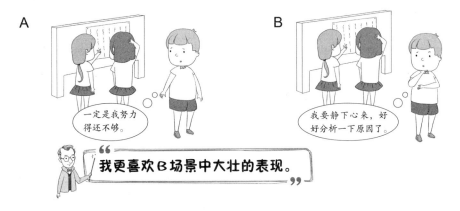

"我更喜欢B场景中大壮的表现。"

3 当我们前进得太快时。

还有一种情况，也需要我们选择后退，那就是前进得太快的时候。此时，我们与其囫囵吞枣地埋头前行，不如暂时后退，将自己之前学到的知识加以巩固，直到将它们完全吸收为止。例如，英语单词记得太快时，我们就应当停下来，学习一下它们的含义和用法。

大壮在半小时内就看完了课本的三个小节，接下来，他怎么做更好呢？

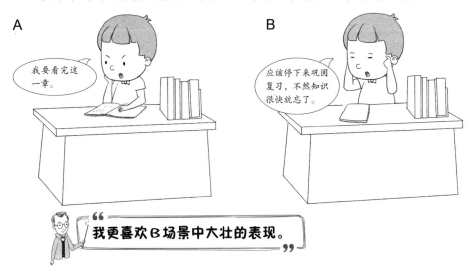

"我更喜欢B场景中大壮的表现。"

5. 别怕！你不是一个人

我叫沐沐，住在小力哥哥家楼下。我知道小力哥哥的成绩很好，所以周末我经常去他家，让他帮忙辅导功课，可他好像有点不太愿意。这次，老师推荐我参加数学竞赛，我心里没底，很想让小力哥哥帮帮我，可我又怕他会不高兴，我该怎么办呢？

在哈佛求学期间，比尔·盖茨结识了自己一生的挚友——史蒂夫·鲍尔默。

那一年，盖茨辍学，创办了自己的公司——微软。他本以为微软可以一飞冲天，可现实却是发展缓慢。对此，盖茨开始分析起原因来，很快他便发现问题出在管理上。

面对这个棘手的难题，盖茨想到了好友鲍尔默。他深知鲍尔默正是自己和微软所需要的管理人才。与此同时，他也想起在创办微软之初，自己就曾找过鲍尔默帮忙，却被对方有理有节地婉拒了。可现在形势危急，若找不到优秀的管理人才，微软将面临倒闭的危险，一想到这儿，盖茨便鼓起勇气,再次去找鲍尔默帮忙。

盖茨说明来意后,鲍尔默陷入了沉思,经过盖茨三番五次的游说,他终于答应了盖茨的请求。事实证明,盖茨的选择是对的,鲍尔默一进微软,就大大推动了公司的发展。

学习时,一不小心被难题卡住了,无论怎么努力都弄不明白,你会怎么办?是把它丢到一边置之不理,还是去向老师或其他同学请教?答案显然是后者!因为对任何人而言,合作的力量永远大于单打独斗,毕竟一个人的能力十分有限。其实,每个人事业上的成功,只有15%是由于他的专业技术,另外的85%则要依靠人际关系和处事技巧等。

在高速发展的现代社会,人与人之间的关系越来越密切,我们不可能真正意义上不依靠别人,独自生活个十年八年,因为我们的衣、食、住、行,每一样都需要别人的协助。要知道,人类过的是一种群居生活,我们只要离开人群,就相当于脱离了社会。

所以,当我们遇到难题时,不要害怕,勇敢地去向他人求助,这没什么可丢人的。

如何更好地获得他人的帮助?

1. 帮助他人,先抛出你的"橄榄枝"。

不知从何时开始,人们的警惕性越来越高,在这种信任出现危机的环境之下，要想让别人真心实意地帮我们，并非一件易事。对此，我们不妨主动去帮助他人，先抛出自己的"橄榄枝"，就算这次得不到对方的帮助，也能为日后我们寻求对方的帮助埋下伏笔。

沐沐在超市门口偶遇拿着很多东西的小力，他怎么做更好呢？

我更喜欢B场景中沐沐的表现。

2 适当忍耐，消除所有不和谐的因素。

人是一种感性的动物，难免会受到七情六欲的影响，更何况我们面对的都是涉世未深的学生，他们更加不懂得控制自己的情绪。所以，当别人帮助我们时发脾气、闹情绪，不妨适当地忍耐一下，消除那些不和谐的因素，因为总得有人做出妥协，否则便只能散伙了。

小力辅导沐沐学习时，发现他同一道题错了又错，很生气，沐沐该怎么办呢？

卡耐基给少年的成长书：肯定自己 超越自己

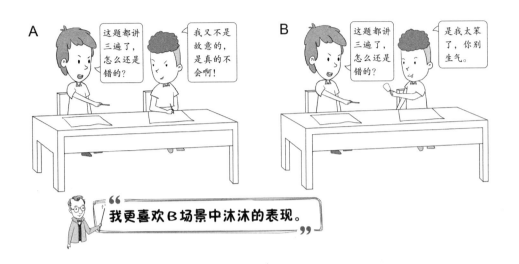

3 持续互动，为下一次求助打好基础。

有些人获得了帮助后，便将对方抛诸脑后，不闻不问，殊不知，这样大错特错，如此一来，谁还愿意再帮助我们。此时，我们应当继续保持跟对方的友好互动，如见面热情地打招呼，经常邀请对方一起玩耍等，让彼此的关系变得更为亲密，使他不好意思拒绝。

沐沐参加完数学竞赛后，小力问他考得怎么样，他如何回答更好呢？

第六章 优秀的人都高度自律

1. 谦虚待人，三人行必有我师

我是花花，为了欢送实习老师，班里决定周末举办一个欢送会，当我拟定好节目和流程后，好几个同学跑过来指手画脚，不是说节目安排得不够紧凑，就是说节目之间的衔接不太好，气得我当场就跟他们争辩。没想到欢送会结束后，大家竟开始疏远我，这是怎么回事？

少年时的本杰明·富兰克林恃才傲物，非常心高气傲，不把周围的一切放在眼里。

一天，富兰克林去拜访一位德高望重的前辈，年轻气盛的他目空一切，抬头挺胸地迈进了前辈家的大门，可是他还没有进门，脑袋就狠狠地撞在了门框上，疼得他龇牙咧嘴，一时说不出话来。富兰克林本想狠狠地骂上两句，却看见那位前辈走了出来。

前辈看着表情痛苦的富兰克林，认真地对他说道："很疼吧？可是，

卡耐基给少年的成长书：肯定自己 超越自己

这却是你今天来拜访我的最大收获，一个人要想平安无事地活在世上，就得时时刻刻记得低头。"

前辈的几句话让富兰克林大为震动，他突然意识到这是前辈的提醒，自己犯了一个大错，那就是不懂得谦虚待人，以致得罪了身边不少朋友。于是，他把前辈的话牢牢地记在了心里，并将"记得低头"作为为人处世的座右铭。

谦虚的人总能交上好运，而骄傲的人则容易处处碰壁，因为前者受人喜爱和欢迎，而后者却令人反感和厌恶。我们应该谦虚待人，因为你我都是凡人，也许百年后，你我都完全被人遗忘。生命太短暂了，我们实在不该以自己微小的成就去惹人厌烦。

人的一生好似在走一条坎坷曲折的山路，有些人虽走得慢了一点，却一直朝着终点前行，而有些人却因为骄傲自满，不小心跌入了万丈深渊。那些成功人士大都十分谦逊，无论是在待人接物上，还是在管理员工方面，他们始终都谦虚地对待别人，为自己树立良好的形象。所以，我们一定要学会谦虚，这不仅是一种美德，更是一种人生智慧。

如何变成一个谦虚有礼的人？

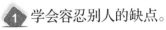 学会容忍别人的缺点。

谦虚的人往往都脾气好，因为他们不止能接纳别人的建议，还可以容忍别人的缺点。所以，我们若想做到谦虚有礼，就必须拥有一颗宽容的心，

学会容忍别人身上的缺点。对此,我们可以试着在自己要爆发之前,在心里默默地数十个数,让自己渐渐冷静下来。

粗心的表妹不小心压断了花花新买的发夹,她如何处理这件事更好呢?

2 虚心接受别人的意见。

每个人都有缺点,并且也难免会犯错,对于别人给予的意见或建议,我们应当虚心接受,哪怕对方给的是严厉的批评。此时,我们要做的就是别一味地为自己辩解,或找各种借口推卸自己的责任,因为这会阻碍我们进步,更无益于我们完善自我。

芳芳觉得花花的节目安排有问题,面对芳芳提出的建议,花花如何回应更好呢?

卡耐基给少年的成长书：肯定自己 超越自己

3 乐于学习别人的优点。

谦虚者最大的特点，便是懂得学习别人的长处，并将它变成自己的优点，所以，我们要乐于学习别人的优点。对此，我们可以直接虚心地向对方请教，让对方告诉我们具体的方法；也可以观察对方生活中的言行举止，然后将那些对自己有用的信息都记录下来。

花花发现小力记英语单词的方法很适合自己，接下来她怎么做更好呢？

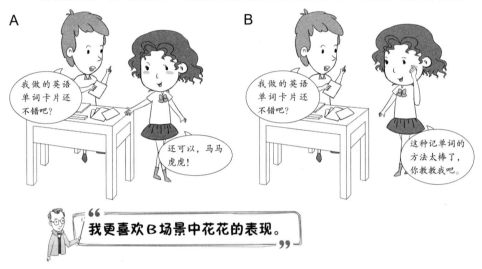

2. 管理好自己，不打扰别人

我是小萌，花花这几天脾气不太好，我今天只是想借她新买的作文书看一下，还没说两句她就跟我吵起来了。还有那个芳芳，最近也不知道怎

么了，变得那么小气，我只是让她再把课堂笔记借我抄一下，她都不乐意。她们为什么会这样呢，难道是我的问题？

卡耐基虽然有很多朋友，却很少贸然地去打扰他们，因为他觉得打扰别人是一种不礼貌的行为，相对于动不动就去找朋友帮忙，他更乐意自己去寻找解决问题的方法。为此，他给自己建立了一个私人文件夹，里面记录了他所做过的蠢事。每当遇到麻烦时，他便会拿出那个"愚事录"，重新看一遍当时他对自己的批评，好好地进行自我反省。

其实，卡耐基这个"愚事录"的创意，是来自一位自我管理大师——豪威尔。

豪威尔一路从乡下小店的职员成长为美国财经界的领袖，完全得益于良好的自我管理。他曾告诉卡耐基，几年来，他一直有一个记事本，上面记录着每天的工作和一些重要约会。不仅如此，每个周末的晚上，他都会独自一人打开记事本，回顾自己一个星期以来所有的面谈、讨论和会议，从而进行自我省察，让自己从这一周的失败事件中吸取教训。

豪威尔还真诚地告诉卡耐基，这种自我分析的习惯，对他的人生帮助非常大。

一个有雄心壮志的人，不管从何处起步，都需要学会自己管理好自己。对此，李嘉诚就曾说过："要做一个成功的管理者，首先要知道自我管理。"然而现实生活中的我们，却并不喜欢自力更生，反而更习惯于打扰他人，

卡耐基给少年的成长书：肯定自己 超越自己

无论是大事还是小事，第一时间想到的就是走捷径找别人帮忙。学习别人的长处的确没错，可一旦这种学习变成了一种依赖，那就大错特错了。

美国著名女作家比彻·斯托夫人说："征服自我的人，是最了不起的胜利者。"其实很多时候，我们最大的敌人往往不是怯懦、恐惧、自卑等，而是自我管理，唯有管理好了自己，我们的学习才能有条不紊，我们的生活才能积极阳光，我们的人生才能向前更进一步。

怎样在成长的路上做好自我管理？

 管理好自己的情绪。

人在情绪失控时，往往会做出自己意想不到的举动，从而让自己后悔，可人生却没有重来的可能，所以，我们一定要学会控制自己的情绪。对此，我们首先不能在情绪激动时做决定；其次要学会安抚自己的内心；最后是保持头脑清醒，权衡利弊，找出问题的关键。

小萌想借花花的新作文书，却遭到了拒绝，接下来她怎么做更好呢？

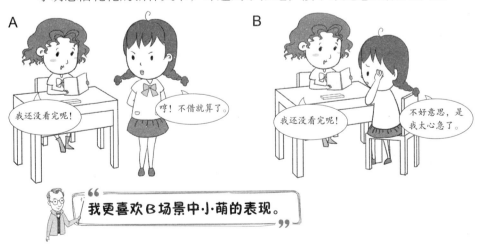

第六章 | 优秀的人都高度自律

2 管理好自己的时间。

时间对每个人都是非常宝贵的，我们唯有管理好自己的时间，才能更好地去管理自己。对此，我们要做的就是学会珍惜时间，努力提高自己的效率，让自己的每一分钟都能够用在刀刃上，如我们可以给需要完成的事设置起止时间，即规定什么时候开始，什么时候结束。

妈妈让小萌帮忙把今天的衣服都收拾好，她怎样来完成这件事更好呢？

我更喜欢B场景中小萌的表现。

3 管理好自己的心态。

除了情绪和时间，心态也是我们自我管理的关键，因为心态会影响我们的行为举止，如当我们心态不好时，情绪也会变得消极懈怠，因而不愿意去做任何事。所以，我们还要培养自己良好的心态，即使我们已经失败了无数次，也要始终积极地去面对下一个挑战。

妈妈发现小萌最近情绪低落，于是向她询问缘由，她怎么回答更好呢？

卡耐基给少年的成长书：肯定自己　超越自己

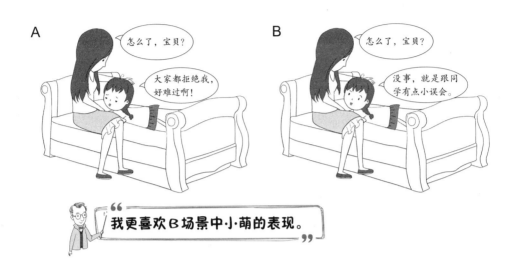

3. 坚持原则，一诺千金

"我"的苦恼

我是花花，妈妈给我买了一个漂亮的笔袋，我把它带去了学校。果不其然，女同学看见笔袋后，都夸它好看，芳芳甚至想花两倍的价钱买下它，于是我随口答应会让妈妈也帮她买一个，之后却将这件事忘了，芳芳因此气得不再理我，我做错了什么？

一天傍晚，马克正在林荫小路上散步，却被一个蓬头垢面的少年给拦住了。原来少年想让他买一束鲜花，马克见少年很真诚便准备掏钱买一束，却发现自己没带零钱。少年见状立刻自告奋勇去帮他换零钱，结果马克在原地等了很久，也没见少年回来，便无奈地回家了。

第二天一早，马克家的门铃就响了，他开门一看，是一个瘦弱的小女孩，女孩看见他，连忙把手里的零钱递了过去，说道："对不起，先生！我哥哥让我今天一早来给您还钱！"

马克这才知道，原来女孩是昨晚那个少年的妹妹，于是问道："你哥哥去哪儿了？"

"我哥哥昨天给您换零钱的时候被一辆马车给撞了，现在正躺在家里养伤。"

马克听完这话，便决定跟女孩一起去看望少年。一路上，马克知道了这对兄妹的身世，他们是孤儿，父母很早就去世了，这些年都是他们两个人相依为命。

"对不起，先生，我失信了，没有及时把钱还给您！"少年一看见马克便说。

看着受伤在床的少年，马克被他的诚信感动了，当即决定收养这对可怜的兄妹。

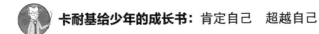
卡耐基给少年的成长书：肯定自己 超越自己

每个人都有自己的底线，知道自己该做什么、不该做什么，这是生存在这个社会上的基本原则，而诚实守信便是其中的一项重要原则。任何人若想断送自己的信用，都不需要太复杂的过程，只需要偶尔失信，那么好的名誉，便会被毁损，可见，坚持原则非常重要！

也许有人觉得，朋友之间的相处没必要如此谨慎，偶尔一两次没有履行承诺，对方根本就不会在意。殊不知，我们的每一次失信，都是在消耗这份友谊的信任额度，一旦对方给予的额度消耗殆尽，那么这份友情也会随之分崩离析，之后若再想挽回，无疑难于登天。所以，我们不能轻易答应别人，而一旦许诺便要尽力去完成，这样才能做个一诺千金的人。

如何做一个诚实守信的人呢？

1. 杜绝谎言，做个诚实的人。

我们都知道撒谎的坏处，可有时却会不自觉地说谎，甚至自认为撒个小谎，不会对别人有什么影响。殊不知，当我们撒完一个谎后，往往需要再撒无数个谎来自圆其说。所以，无论在何时、何地，或任何情况下，我们都要坚决杜绝谎言，做一个诚实守信的人。

花花玩得忘记了写作业，当妈妈问她是否完成了作业时，她如何回答更好呢？

> 我更喜欢B场景中花花的表现。

2 不要轻易向他人许诺。

一个承诺往往代表着一份责任和担当，诚实守信的人只要答应了他人的请求，就会全力以赴地去完成。所以，要想成为诚信的人，我们还应当做到不轻易地对他人做出承诺。对此，我们在许诺前，一定要认真地考虑自己能不能办到，如若不行，就不能答应对方。

芳芳非常喜欢花花的笔袋，于是央求她帮自己也买一个，对此，花花怎么做更好呢？

> 我更喜欢B场景中花花的表现。

卡耐基给少年的成长书：肯定自己 超越自己

3 尽力去履行每一个承诺。

有些人觉得，每件事都有很多不确定因素，所以承诺不等于肯定能办成。这种想法是错的，一旦我们向他人承诺，无论这件事是大是小，也不管能不能够办到，我们都要尽自己最大的努力去完成，即便最后失败了，最起码我们曾经努力过，也能给别人一个不算失礼的交代。

花花答应小萌教她跳舞，却发现小萌在这方面并没有天赋，她怎么做更好呢？

4. 守时也是一种对别人的尊重

我是芳芳，花花约我周末一起去少年宫，那天我到早了，便在附近闲逛，

结果发现了一家非常有趣的店,便走了进去,这一进去竟待得忘了时间,待我再次去找花花时,却连个人影都没有。从那以后,花花再也没有约我出去过,这让我非常难过。

这天,香港著名作家梁凤仪收到了北京大学发来的学术讲座邀请,时间就定在下午3点钟。当天上午,她应邀参观了中央电视台的一个拍摄基地,由于时间还很充足,她便和基地的领导一起共进了午餐。谁知,她乘车去北大的路上却堵车了,导致迟到一小时。

当梁凤仪急急忙忙地赶到北大时,同学们早已在报告厅等候多时,台上的主持人为了帮她解围,再三强调:"梁老师是因为堵车才迟到。"然而,梁凤仪却觉得自己犯了不可原谅的错,所以她并不想为自己的迟到找借口,于是她快步走上台后,满脸歉意地说道:

"各位同学,我在此向大家诚恳道歉!北京塞车是常事,但我不应该为自己找借口,我应该把塞车的时间计算在内,做好充足的准备。如果在座的有一千位同学,我迟到的这一小时,对大家来说,就是浪费了一千个小时的生产力量,影响了一千个人的心情啊!我只能盼望你们的原谅!"她的话,不仅赢得了同学们的热烈掌声,更赢得了大家发自内心的爱戴。

卡耐基给少年的成长书：肯定自己 超越自己

对任何人而言，时间都是一笔宝贵的财富，因为它是不可逆转的，一旦流逝便无法重来，正因为如此，守时就显得非常有必要。当我们与人有约，表示你已经取得他人的一点信任，如果你不能守信，就等于从对方那儿不告而取——当然不是偷取他口袋里的钱财，而是盗取他的时间，一种他失去后永远不能复得的东西，同时你也失去了他对你的信任。

在人际交往中，守时是对他人最基本的尊重，如果连这一点都做不到，又拿什么去获取别人的信任呢？所以，我们一定要养成守时的优秀品质，因为它是我们对待生活的必要态度。

怎样养成守时的好习惯？

 培养自己的时间观念。

很多时候，并不是我们不愿守时，而是由于自己缺乏时间观念，以致忽略了时间的悄然流逝。对此，我们可以给自己戴上一块手表，便于自己能随时随地知道当下是什么时间；我们也可以给每件事设置一个完成时间，以防止我们因忘了时间而延误。

芳芳跟花花约好了周末一起出去玩，结果却忘了会面时间，导致花花等了很久。面对花花的质问，芳芳怎么回应更好呢？

2 为突发事件预留好时间。

俗话说"计划永远赶不上变化",有时我们的"不守时",往往是突发事件造成的。对此,最有效的解决方法,就是提前为那些突发状况预留好时间。例如,我们周末跟好朋友约好了一起去玩,那我们不妨提前半小时从家里出发,以防遇上道路事故等突发事件。

芳芳跟小萌约好了一起去看电影,小萌提醒她别忘了。芳芳怎么回应更好呢?

3 利用计时工具来帮助自己。

要想精确地守时，就必须借助一些仪器。对此，我们不妨充分利用现在的科技——计时器，来帮助自己养成守时的好习惯。例如，我们可以用定时闹钟来提醒自己；也可以在自己的平板电脑上设置闹铃；还可以将重要的约会写在便签上，贴在醒目的位置……

针对芳芳经常迟到的问题，老师要求她给出解决的办法，她怎么回应更好呢？

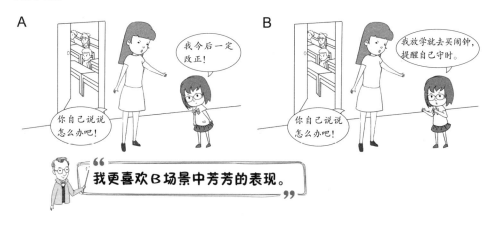

5.请在适当的时候保持沉默

我是明明，最近迷上了围棋的小力，总想让我跟他一起去兴趣班学习，可我一想到那种枯燥的对弈，就不免打寒战。这天，放学回家的路上，小

力非要拉着我跟他一起去兴趣班听课,也不知怎的我们吵了起来,最后越吵越凶,竟赌气谁也不搭理谁。这让我非常难过,难道是我做错了?

这天,卡耐基应邀去参加一场"纸牌聚会",由于他并不善于玩纸牌,便找了个位置坐下,想跟其他人聊聊天。他刚坐下,就发现自己旁边有一位漂亮的女士,她也不会打纸牌,于是两人简单地打过招呼后,便十分默契地开始聊天。

其实卡耐基跟这位女士早就认识,当时,卡耐基还帮她准备过旅行相关的资料,她知道卡耐基曾去过很多地方旅行,所以她对卡耐基说:"卡耐基先生,我想请你告诉我所有你到过的名胜及见过的奇景。"说完,她还提及自己跟丈夫最近刚从非洲旅行回来。

卡耐基说:"我一直想去非洲看看,但除了在爱尔裘士停留过24小时外,其他地方还都没去过。听说非洲的某些地区,乡村里经常会有野兽出没,这是真的吗?如果能看到那些野兽,该多么幸运啊……"就这样,卡耐基一直在滔滔不绝地讲述。

交谈过后,那位女士便不再搭理卡耐基了,因为她并不想听卡耐基谈论他的旅行,而是想让卡耐基听她讲述自己所到过的地方,换言之,即她所需要的是聆听者,而不是倾诉者。

俗语有云:祸从口出。有些人说话不经过大脑,经常口无遮拦,四处

树敌，以致自己麻烦不断，甚至还引起了他人的集体抵制。虽然我们不可能让所有人都喜欢上自己，却可以努力让大家都不讨厌自己，而要做到这一点，我们就应当学会在适当的时候保持缄默。

很多时候，在与别人的沟通中，对方想要的并不是我们的高谈阔论，而是希望有一个人能认真聆听他们的心声。可见，如果我们希望成为一个善于谈话的人，那就应当先学会做一个认真倾听的人，不该听的不听、不该说的不说，并在适时的时候给予他人说话的权利。

请记住，沉默寡言并非一无是处，有时也能给我们带来意想不到的惊喜。

在什么情况下应当保持沉默？

 当他人还没想好说什么时。

生活中，有些人为了避免冷场的尴尬，经常会在他人面前说起话来滔滔不绝，完全不顾及对方的感受。殊不知，别人之所以不说话，很可能是因为他在思考接下来的话应该怎么说，而我们此时无论说些什么，对他来说都是一种刺耳的噪声。所以，当别人不说话时，我们最好也一样保持沉默。

小力心情不好，于是来找明明倾诉，可他半天都没说话，此时明明该怎么办呢？

2. 当你或他人情绪激动时。

人在情绪激动时，最容易出口伤人。所以，当我们或对方情绪激动时，也应当选择保持沉默，待彼此都冷静下来后，再进行交流或沟通，否则，大家都一味地相互伤害，只会把事情弄得越来越糟糕。倘若对方不肯沉默，我们不妨等他先发泄完再进行沟通。

明明跟好朋友小力因小事发生了争执，面对情绪激动的小力，明明怎么做更好呢？

卡耐基给少年的成长书：肯定自己 超越自己

3 当你不想开口说话时。

每个人都有不想开口说话的时候，比如情绪低落时，感觉疲惫时，等等。这时，面对他人的沟通意愿，我们与其东拉西扯没话找话，不如诚实地告诉对方自己不想说话，然后保持沉默，因为我们那些言不由衷的话，不但会浇灭对方的沟通热情，还会让他们感到不悦。

明明因考砸了心情不好，可爸爸此时却想跟他聊聊学习，明明该怎么办呢？

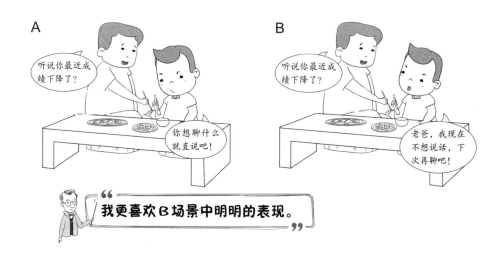

" 我更喜欢B场景中明明的表现。"

第七章 坚持学习，每天进步一点点

1. 兴趣是最好的老师

我叫小力，前阵子妈妈给我报了个竖笛班，说要开发我的音乐潜能，为了不让妈妈失望，就算不感兴趣，我也答应了。可我上了两次课后发现学习竖笛竟然如此枯燥，每天除了练习就是练习，上课要练习，课后也要练习，简直烦透了，我该怎么办呢？

亨利从小就喜欢橄榄球，起初，他是为了享受在球场上奔跑的自由，以及那种挥汗如雨的惬意，可后来，他却深深地爱上了这项运动，一有机会便和伙伴们一起练球。

16岁那年，亨利就已经是远近驰名的橄榄球运动员了，他不但投球的速度可以达到每小时140多千米，并且他投出的快球还能击中球场上任何正在移动的东西。也正因为如此，亨利所读中学的教练视他为重点培养对象，恨不得让他每天都住在训练馆里，而亨利也乐于训练自己的球技，因为在别人眼中枯燥的训练，对他而言却是每天最大的乐趣。

不知是不是怕上了大学没机会再玩橄榄球，亨利在高考前的那段时间，全身心地投入到了训练之中：即便没有教练在场，他也努力地练习投球；就算球员们都走光了，他也一个人拿着球在场上奔跑……亨利对橄榄球的热情不仅感动了教练、感动了队友，还感动了波士顿知名的橄榄球队——"红袜队"，他们高薪邀请亨利加入。

兴趣对我们的成长至关重要，因为它能调动我们的激情与活力，使我们热衷于某一件事而乐此不疲。纵观历史，那些拥有非凡成就的人，几乎都为了兴趣而疯狂：比尔·盖茨因对计算机的热爱，可以连续几天不眠不休，只为写出一串更精确、更简洁的代码；富兰克林·罗斯福凭借对政治的一腔热血，即使失去了双腿，也要坐在轮椅上指点美国江山……

实际上，一个人在某个领域取得成就的大小，跟他热爱的程度有很大关系，如果你一直做自己喜欢的事、最想干的事，内心便会充满愉悦和快乐，身体也会随之充满力量。正因为如此，大文豪莎士比亚才说出了这样的名言警句：学问必须合乎自己的兴趣，方可以得益。所以，我们若想让自己学有所成，那么从现在开始，找到自己的兴趣所在！

怎样才能找到自己的兴趣所在呢？

1 多接触，打开视野。

由于活动的范围比较狭窄，我们除了家里和学校，几乎很难接触到新的事物，也正因为如此，我们很难找到自己真正的兴趣。对此，我们首先要做的就是走出去，多接触一些新鲜的事物，如交几个新朋友，参加学校或社区举办的社团活动等,开阔视野。

学校要举办一期暑期夏令营,老师问小力想不想参加,他怎么回答更好呢?

2 多尝试,找到兴趣。

要想找到自己的兴趣,光接触肯定是不够的,我们还得去尝试一番,否则怎么知道自己喜不喜欢呢?当然,也并非什么都尝试,我们可以从自己愿意干的,或是自己比较关注的那些事入手,如果你能坚持两周以上,并且还乐在其中的话,那这可能就是你的兴趣所在了。

小力很羡慕明明有自己的兴趣爱好,当明明邀请他去试课时,他如何回答更好呢?

卡耐基给少年的成长书：肯定自己 超越自己

3 多培养，成为乐趣。

兴趣从来都不是天生的，它跟性格、习惯等一样，也需要经过后天的培养。所谓"培养"，是指我们要多花时间和精力去磨合自己的兴趣，如我们喜欢画画，那就每天抽出固定的时间去练习绘画，唯有如此，我们才能因为熟悉而喜欢，进而彻底爱上它。

小力对围棋比较感兴趣，他要怎样做，才能将它变成自己的爱好呢？

2. 有所深学，有所浅学

我是大壮，自从上了三年级，我的成绩就开始走下坡路，为了让自己的成绩能回到以前的水平，不管是简单易懂的还是生涩难懂的知识，我统

统都进行深入学习，每天除了学习，我几乎就没有其他的活动了。可尽管如此，我的成绩还是原地踏步，这是为什么呢？

案例时间

比尔靠着自己的勤奋努力，终于考上了梦寐以求的大学。谁承想，到了大学以后，他却打起了退堂鼓，这是怎么回事呢？原来他还在用以前的老方法学习——各个科目掺杂在一起学；管它重不重要，先把所有知识点都背下来再说；一直忙着学习，从不休息……尽管比尔非常努力地学习，但他的成绩却并不尽如人意，这让他感到十分沮丧。

同寝室一个关系要好的室友见状，问比尔是怎么回事，室友听完他所谓的"学习"，竟忍不住哈哈大笑了起来。室友对他说："嗨，我的兄弟，你这哪里是学习，根本就是在浪费时间！"说完，他把自己制定的学习计划和生活安排给比尔看。比尔一看，吓了一跳，这计划的详细程度着实让他吃惊，里面不但划分了重点与非重点，就连休息的时间都标得一清二楚。

看完室友的计划，比尔才意识到，原来都是"盲目"惹的祸！于是，他根据自己的特点，也制定了一份学习计划：对重点、难点深入学习，而对基础知识做到掌握，将时间全用在"刀刃"上。一段时间后，比尔的成绩果然有所提高，这让他开心不已。

卡耐基如是说

很多时候，人都改变不了贪心的毛病，尤其是在学习上，我们总会忍不住想多学一点点，有这样的心态固然是好事，可结果却未必能令人满意，毕竟我们的时间和精力皆有限，哪怕只有一丢丢的浪费，也足以令人惋惜。

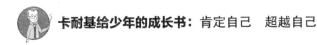

可见,掌握学习的技巧是非常必要的。

知识是无穷尽的,我们完全没必要什么都去深入研究,而应当学会带有目的地去学习,即要懂得有所深学、有所浅学,把自己十分有限的时间和精力,都放到自己最需要的那部分知识上。所以,在学习的道路上,我们千万不可以盲目,而应当讲究一点方法和技巧。

我们应掌握哪些学习技巧?

1 提前预习,有备无患。

面对学习,若我们没有丝毫的准备就上阵,常常会不知该从哪儿入手,以致手忙脚乱。对此,唯有提前做好预习,我们才能做到心里有底:知道哪些是自己的薄弱环节,需要进行深入的学习和研究;哪些是自己已经掌握的强项,不需要再花费太多的时间和精力。

明天老师就开始讲新课程了,当小虎约大壮去自己家玩时,大壮怎样回应更好呢?

② 先易后难，提高效率。

在学习的旅途中，最宝贵的莫过于时间，只要我们能在短时间内学到更多知识，那便成功了一半。若想做到这一点，我们就需要掌握"先易后难"的技巧，因为容易的事物往往不用耗费太多时间，反之，若我们先去攻克那些难题，没准耗完了所有时间，也不见得能有所收获。

大壮正在参加期末考试，试卷发下来后，他怎么做更好呢？

我更喜欢B场景中大壮的表现。

③ 定期总结，查漏补缺。

倘若我们只是一味地埋头苦学，而不管自己是否理解，或有没有吸收，那么，这种学习便是在做无用功，因为学习只是一种手段，学以致用才是我们的目的。对此，我们可以定期进行学习总结，对自己一段时间所学的知识进行查漏补缺，从而更深入地去学习。

大壮自三年级开始成绩下滑，老师提醒他要注意掌握学习的技巧，他如何回应更好呢？

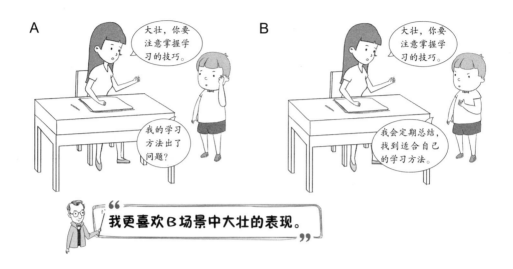

3. 从生活中探寻智慧的源泉

我叫小萌,喜欢阅读的我,在房间里放了很多书,这导致我每次整理房间的时候,都要花费很大的力气去记住每本书的位置,因为一旦我忘记了某本书的位置,等到下次需要它时,就会浪费很多时间去寻找。每次做这件事,都弄得我一个头两个大,我该怎么办呢?

小时候,父亲经常给洛克菲勒传授生意经,因此年幼的他在经商方面"经验丰富"。这天,闲来无事,父亲跟洛克菲勒聊起了家常,父亲问:"你的存钱罐,存不少钱了吧?"

"我贷了50美元给附近的农民。"洛克菲勒满脸得意地回答道。

"是吗?50美元?"父亲十分惊讶。在当时,50美元可不是小数目。

"利息是7.5%,到了明年就能拿到3.75美元的利息。另外,我在你的马铃薯地里帮你干活,工资每小时0.37美元,明天我就把记账本拿给你看。其实,这样出卖劳动力真的很不划算。"洛克菲勒滔滔不绝地说,一副自己很在行的表情,一旁的父亲都听呆了。

父亲在心里琢磨着:他是怎么想到靠贷款挣钱的呢?原来,洛克菲勒通过细心观察发现,每当到了播种的季节,附近的那些农民就会需要资金来买种子,而且为了得到这笔钱,他们甚至愿意给付较高的利息。这原本只是生活中的一件小事,可细心的洛克菲勒却将它跟银行的运营模式联系到了一起,并从中受到启发,急中生智地用自己的积蓄来贷款赚钱。

俗语有云:细微之处皆智慧。很多时候,只要我们能细心观察,便能发现很多生活中的大智慧。例如,瓦特看见跳跃的壶盖,推动世界进入了震撼的蒸汽动力时代;牛顿看见树上掉落的苹果,将近代物理学推上了一个崭新的台阶……这些划时代的伟大成就,皆源于生活给予世人的启示,只不过，唯有耳聪目明的人能看见，一叶障目的人却视而不见。

实际上，生活给予我们的馈赠，并不只有这些：它用失败和挫折磨炼我们的意志，用痛苦和磨难训练我们的承受能力，用顺境和逆境教我们如何为人处世，等等。我们若想通过生活的重重考验，就必须学会从它身上去探寻智慧的源泉，唯有如此，我们才能够发现别人看不见的美景，才能够获得自己成长所需的能量，从而让自己不断进步。

如何探寻生活中的智慧？

1 善于思考，学会发散思维。

生活对每个人都是一样的，它既给了我们幸福和快乐，也带来了一些痛苦和辛酸，只不过，善于思考的人，总能从中积累经验和教训，让自己更快获得成功，而不爱动脑的人则被困在其中，停滞不前。所以，要想探寻生活中的智慧，我们就得善于思考，学会发散思维。

小萌有很多书，每次整理这些书都弄得她精疲力尽，她该怎么办呢？

2 认真生活，保持热情。

生活最怕认真的人，因为人一旦认真起来，往往会变得充满智慧，所以，认真生活也是寻找智慧的方法之一。对此，我们要做的就是保持热情，学会热爱自己身边的一切，无论是毫不起眼的日常事物，还是刚刚走进我们生活的新鲜事物，都要尽可能多地去接触和了解。

小萌正在给家里的花浇水，花花来叫她一起出去玩，她怎么做更好呢？

3 注重细节，凡事多留个心眼。

所谓"细节决定成败"，很多时候，那些不起眼的小细节，往往就是我们获取成功的关键。所以，若想得到生活中的智慧，我们还要多留意生活中的小细节。对此，我们应当学会仔细地观察，凡事都要多留一个心眼，尤其是对自己在意的人和事，更应该牢记于心。

考试前夕，小萌发现数学老师在反复强调第六章的内容，对此她怎么理解更好呢？

卡耐基给少年的成长书：肯定自己　超越自己

4. 勤于思考，危机也能变成转机

我是芳芳，我总觉得自己不如别人幸运，就拿上次学校举办的辩论赛来说吧，我明明比其他同学表现得都好，就连老师都赞许地点头，可就在最后一个环节，我却突然脑袋一片空白，乱说了一通，结果全都搞砸了。为什么每次遇到这种危机，我都难逃厄运呢？

第七章 | 坚持学习，每天进步一点点

 案例时间

在《卡耐基励志经典》一书中，卡耐基写过这样一个有趣的故事。

故事的主角是一个男孩。这天，男孩看见报纸上有一份很适合他的工作，于是第二天一大早，他便去那家公司应聘，结果他到那一看，前面已经排了20多个人了。

要知道，这家公司只招聘一个职员，一旦前面有人被录取，男孩就会自动被淘汰。一想到这里，男孩顿时产生了强烈的危机感，他想：一定要想办法让自己进入面试环节！为了能达成这个目的，男孩冥思苦想，终于，他想到了一个好主意。

只见男孩拿出了一张纸，并在纸上写了几行字，然后走到负责招聘的女秘书面前，非常有礼貌地说："请您把这张便条交给老板，这件事很重要，谢谢您了！"女秘书见男孩一脸凝重，便转身走进去将纸条交给了正在面试的老板。老板打开纸条一看，不由得笑了，原来上面写的是：先生，我是排在第二十五位的应聘者，请不要在见到我之前作出任何决定。

最后，男孩如愿以偿成为那家公司的员工，因为老板很欣赏他勤于思考的品质。

卡耐基如是说

对我们而言，无论是生活还是学习，都需要我们进行思考，如怎样才能让自己的生活井然有序，怎样才能提高自己的学习成绩等。可见，思考有利于我们提高自身的能力。

实际上，人有两种能力是无价之宝，其中之一就是思考的能力，因为它常常能将危机变成一种转机。对我们而言，勤于思考不但能帮助我们认

识到自己的缺点，不断完善自我，还能让我们养成观察入微的习惯，发现很多生活中鲜为人知的真理，尤其是当面临危机时，强大的思考能力，总能带领我们跳出表象的迷惑，看清楚事物的本质，从而及时解决问题。所以，我们一定要养成勤于思考的好习惯，凡事都应该多想一想再行动。

如何提升自己的思考能力？

① 给自己独立思考的时间。

思考是人类的一项重要思维活动，要想提升这方面的能力，首先我们就必须培养自己勤于思考的好习惯。对此，我们可以每天抽出固定的时间，让自己在不受干扰的环境中进行独立思考，如我们可以晚上睡觉之前，花十分钟的时间思考一下自己当天的收获等。

对于每天新学的知识点，芳芳总有几个不太懂，她怎样解决这个难题更好呢？

② 学会从多个角度看待问题。

面对难题，我们往往只看见它难的一面，却没有思考过它的其他可能性，如一道难解的数学题，我们除了觉得它难，还应该思考一下它究竟难在哪里：

是题目的大意太难理解，还是套用不上自己所学的数学公式……只要我们弄清楚了这些，便不难找到攻克它的方法。

芳芳在参加辩论赛时，突然感觉大脑一片空白，她该怎样化解危机呢？

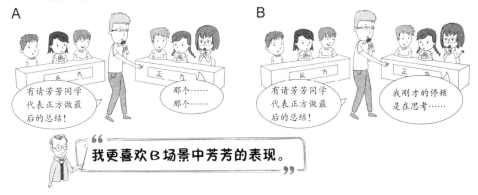

3 适当做一些思维训练。

所谓"思维训练"，是指将大脑的思维当作一种技能来进行训练。对此，我们可以培养自己的想象力、创造力等，如当我们阅读故事书时，可以同时在自己的脑海中想象具体的画面；当我们玩拼装玩具时，可以试着去拼一个说明书里没有的新事物……

芳芳想画一幅山水图，她是该照着图片去临摹，还是凭想象力画风景呢？

5. 勇于向未知领域挑战

我是明明,很喜欢下象棋,而我的好朋友小力却喜欢下围棋。由于我对围棋一窍不通,我们一起玩耍时,我总是央求小力下象棋,因为这样我就能一直赢他。最近,我发现他渐渐疏远了我,原来他找到了一个能陪他下围棋的人,可我又不敢挑战围棋,怎么办呢?

在哈佛求学时,柯莱特交的第一个朋友是自己的同桌——一位18岁的青年。

大二那年,青年邀请柯莱特跟自己一起退学,去开发Bit财务软件。这让柯莱特大吃一惊,他虽知道青年是个不按常理出牌的人,也知道对方一直醉心于程序开发,可为了程序开发这样的"副业"而放弃学习这份"正职",这在柯莱特看来,简直不可思议。

柯莱特知道,青年邀请他去参与研发的程序系统才刚起步,甚至可以说连最基本的雏形都没有,这系以后有没有市场?未来境遇如何?自己的前途又将在哪里?这些都让柯莱特担心不已,不敢去挑战那个未知的领域。于是,他委婉地拒绝了青年的邀请。

十年后，柯莱特成了哈佛大学Bit领域的高手，而当时邀请他的那个青年，则通过程序开发，把自己送上了美国亿万富翁排行榜。这个青年是谁呢？他就是家喻户晓的世界富豪——比尔·盖茨。

卡耐基如是说

所谓"挑战"，就是去做超出自己能力范围之外的事，为了挑战成功，我们通常要花费非常多的时间、精力去筹措、准备。也许有人会觉得，为了一个不知答案的结果投入过大，是对自己的一种"内耗"，用这些精力和时间去做自己有把握的事情，岂不是更好？

殊不知，每一次对未知领域的挑战，都是我们对自己的一次升级，更是我们获取新知识的一个必要途径。倘若我们每天都安于现状，世界上又怎么可能会有新的事物诞生，正是因为我们不断挑战和探索，才有创新，才让生活变得一天比一天美好。可见，人生只有积累了足够的"量变"，才能收获到"质变"的硕果。

你可以这样做

怎样才能让自己敢于挑战？

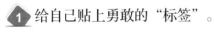
给自己贴上勇敢的"标签"。

面对困难和挑战，害怕是人之常情，没人生下来就勇气十足。但如果我们想让自己变得勇敢，首先要做的就是给自己贴个勇敢的"标签"，时刻提醒自己是个"勇士"，这样，即便我们依然心存恐惧，也能勇敢地去接受挑战，否则很可能会被恐惧吞噬，变成一个懦夫。

明明喜欢象棋，而好朋友小力喜欢围棋，当小力邀请他下围棋时，他怎么做更好呢？

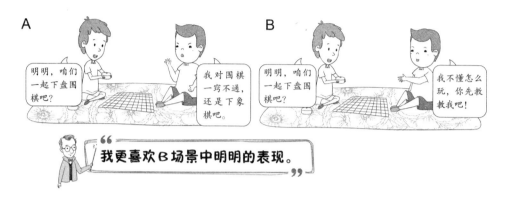

> 我更喜欢B场景中明明的表现。

2 丢掉"脑袋"，跟着身体走。

每一次挑战，对任何人来说都很难果断、迅速地采取行动，即使你能够战胜内心的恐惧，也会因为这样或那样的原因而犹豫不决。这时，千万不要放任自己胡思乱想，而应当丢掉那个碍事的"脑袋"，直接让自己的身体去行动，因为我们"卡壳"的时间越长，挑战成功的概率就越小。但需要注意的是，行动绝对不能盲目，必须有一定的针对性。

明明想学骑自行车，这天爸爸终于有时间陪他练习了，他怎么做更好呢？

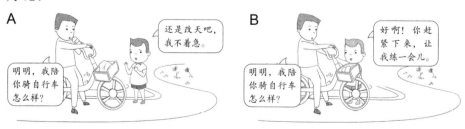

> 我更喜欢B场景中明明的表现。

3 培养好奇心，将挑战变成一种习惯。

好奇心是挑战的基础，倘若我们能培养自己的好奇心，便可以在它的带领下，勇敢地去挑战那些未知的领域，久而久之，还能养成乐于挑战的好习惯。对此，我们要做的就是凡事多问几个为什么，为了找到正确答案，我们自然就会勇敢地去挑战新鲜事物。

明明想挑战一道奥数题，可又害怕自己失败，他该如何选择呢？

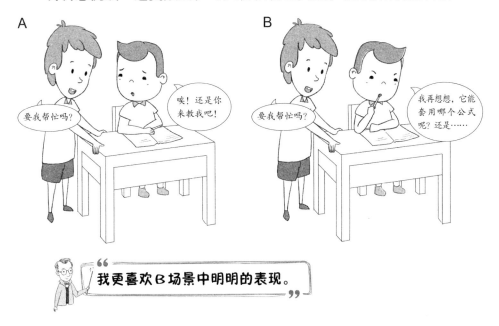

我更喜欢B场景中明明的表现。

第八章 向着光亮前行，跑赢自己就好

1. 坚持并战胜挫折，世界就在你的脚下

我是大壮，我前段时间生了一场大病，很多天没上学，我非常想念同学们。可待我再回到学校时，却发现自己已经有点跟不上上课进度了。这让我十分沮丧，甚至有点想自暴自弃，反正我的成绩之前也一直在下滑，可我又不甘心就这么放弃，我该怎么办呢？

卡耐基的朋友米兰达·赫姆出生时，医生告诉她的父母，这个孩子很难活下来。然而，米兰达还是坚强地活了下来，只不过，她的右半边身子落下了先天性残疾，常常会疼痛难忍，并且她不能从事任何体力劳动，一点重活都干不了。

尽管命运对米兰达如此残忍，她却始终没有自暴自弃，她坚决不肯向命运低头，因为她的内心始终向往光明。为了能看见那片光明，她利用闲暇时间大量阅读，并积极参与社会公益活动。终于，28岁时，她成了基督

教卫理公会的传道士。

正当米兰达迈向自己的幸福生活时,她又很不幸地遭遇了两次事故,差点丧命。逃过劫难的她没有埋怨命运的不公,而是全身心地投入公益事业中,她始终坚信黑暗只是暂时的,她一定能迎来属于自己的光明。就这样,她一边忍受着病痛的折磨,一边热情地帮助有困难的人们。她举办了上千次演讲,还写了两本励志书。

人生在世,难免会遭遇困难和挫折,有些人被它们可怕的外表唬住,停止了继续前行,可有些人却坦然接受它们的考验,以不断积累宝贵经验。要知道,挫折是难免的,重要的是怎么样去克服它,坚持并战胜挫折,世界就在你的脚下了。

其实,我们每个人面前都有一道屏障,它有过很多不同的名字,有时叫贫穷、饥饿、失败、灾难等,有时别人又叫它不顺心或不如意。也许,在它面前我们会备感压力和煎熬,误以为自己的生活只有苟且,殊不知,这些都不过是暂时的不幸,只要我们能够顶住不屈服,并将压力转化为动力,去突破这道唬人的屏障,就一定可以拥有属于自己的光明。

如何才能战胜挫折?

1 保持乐观的心态。

面对挫折,我们应当尽量保持乐观的心态,因为只有以积极的心态去面对挫折,我们才能够发现事物美好的那一面,否则便会让自己陷入黑暗的深渊。对此,我们可以多阅读一些激励人心的书籍或观看相关影视作品,使自己能受到它们的鼓舞与熏陶，从而赶走消极情绪。

大壮大病一场回归学校后，发现自己跟不上上课节奏了，面对老师的关心，他怎么回复更好呢？

> 我更喜欢B场景中大壮的表现。

2 分析原因，寻找方法。

无论遇到什么样的挫折，我们都应当学会冷静地去分析，然后找出自己受挫的原因，从而采取有效的补救措施。对此，我们可以从客观、主观、目标、环境、条件等方面，去剖析受挫的原因；也可以从自己目前所处的状况出发，从结果去追溯造成挫折的原因等。

大壮在跟朋友一起滑冰时，不小心摔倒了，面对朋友的关心，他怎么回复更好呢？

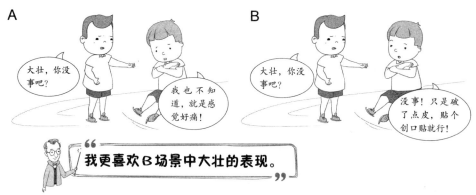

> 我更喜欢B场景中大壮的表现。

3 要有坚持不懈的恒心。

很多时候，困难和挫折都不是那么容易被打倒的，所以，当我们面对它们时，一定要做好打持久战的准备。换言之，要有一颗坚持不懈的恒心，不能因为一两次的失败便偃旗息鼓，而应该越挫越勇，一直坚持到彻底打败困难为止，否则我们之前的努力便都白费了。

大壮为了跟上老师的进度，每天都在刻苦学习，却收效甚微，他该怎么办呢？

2. 负能量就像铅块，扔掉才能走得快

我是小萌，最近正跟妈妈闹冷战。妈妈总觉得我整天窝在家里，缺乏

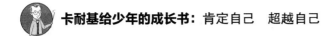

必要的人际交往,便给我报了一个暑期夏令营,令我生气的是,她报这个之前压根就没和我商量。我觉得她太不尊重我了,所以,我选择拒绝跟她交流,可我自己也并不好受,我该怎么办呢?

长期以来,严重的胃病都影响着卡耐基的生活,剧烈的疼痛常常使他无法入眠。由于卡耐基的父亲死于胃癌,所以他非常担心自己也得胃癌,他甚至觉得自己已患上了胃溃疡。

于是,卡耐基去医院看病,一位著名的胃病专家用荧光镜和X射线给他做了一次全面检查。医生再三强调,卡耐基并没有患上胃癌或胃溃疡,并指出他的胃痛完全是因为精神过度紧张所致。实际上,卡耐基每天的工作量太大了,以致他内心产生了负面情绪,这些情绪使他时刻都处于紧张和焦虑之中,再加上担心父亲的胃癌会遗传给他也让他忧虑不已,从而引发了胃病。

后来,卡耐基接受了医生的建议,每个星期让自己放松一天,减少工作和社会活动。

这天,在家休息的卡耐基正清理自己的办公桌,他看着那些被自己扔进废纸篓的过期笔记本和备忘录,突然灵光一闪:对自己的负能量,为什么不能像对这些旧东西一样,将它们拣出来扔掉呢?这个突如其来的想法,顿时让他感觉轻松了很多。从那以后,他便将这当成了一项规则,只要是会影响自己工作或生活的负面情绪,就统统扔进垃圾桶里去。

当我们遭遇失败和挫折时,难免会滋生一些负面情绪,倘若我们背负着这些负能量继续前行,势必会被它们压得寸步难行,唯有及时扔掉,我们才能走得更快、更远。

其实,生活中大概有90%的事情是对的,只有10%是错的。如果我们要得到快乐,就应该把精力放在那90%正确的事情上,而不要去理会那10%的错误。很显然,负面情绪就属于这10%的错误,所以,我们大可不必在它身上浪费时间,更不能让自己被它所困扰,而应当集中精力去做更有意义的事情,只管将它当作一团透明的空气,让风吹走它即可。

怎样消除自己的负能量?

1. 学会释放自己的负面情绪。

当我们感觉到伤心或难过时,即使吃着自己最喜欢的零食,玩着自己最爱玩的游戏,心情也愉悦不起来,因为那些负面情绪还积压在心里,没有得到合理释放。对此,我们可以向父母或朋友倾诉,说出自己的感受;也可以爬上某个山顶,大声喊出压抑已久的话等。

小萌因学习压力大而乱发脾气,面对妈妈的关心,她如何回应更好呢?

卡耐基给少年的成长书：肯定自己　超越自己

2 制作一张"情绪对比表"。

有时，我们会深陷负能量而不自知。对此，我们不妨制作一张"情绪对比表"，即将自己最近的表现都记录下来，再将它们分别填入"坏情绪"或"好情绪"中，如胡乱发脾气是坏情绪，充满信心是好情绪等。填写完后，我们便不难发现问题出在哪里，届时，只需一一去改正即可。

小萌想消除自己的负能量，却不知从哪里下手，她怎么办更好呢？

3 适当借助科学的力量。

要想彻底消除负能量,我们还要借助一些科学的方法。例如,我们可以出门晒一晒温暖的阳光,因为环境光线强有助于提升好心情;或听一听能放松心情的音乐,因为音乐可以缓解我们的情绪;或去做一做自己喜欢的运动,因为它能帮身体分泌促进快乐的多巴胺……

小萌因跟妈妈冷战而情绪低落,好朋友问她怎么了,她怎么回答更好呢?

3. 让你的潜能爆发出来

我是明明,最近,我和小力一起报了一个跆拳道兴趣班,我们一起上课、

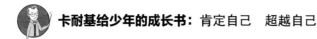

下课,课后也在一起训练,甚至连我们的教练都是同一个人。可教练每次都只表扬小力,而他在教练的表扬之下,更是进步飞快,我跟他的差距越来越大,为什么我就得不到进步呢?

卡耐基曾在自己书里写过一个有趣的故事,以说明每个人都拥有无限潜力。

故事的主角是一个铁块,第一个打造它的人,是一个技艺不纯熟的铁匠,他认为这个粗铁块不值钱,所以他不假思索地将其制作成了马掌,把这块铁的价值提高了10倍。

不久,来了一个磨刀匠,他觉得这块粗铁还有继续开发的潜力,于是用自己拥有的工具,如压磨抛光的轮子和烧制的炉子等,将铁块制成了价值提高200倍的刀片。

另一个技艺更精湛的工匠看到后,觉得前面两个人都没有充分挖掘铁块的潜力,于是,他用自己那双灵巧的手,把铁块变成了价值翻了数千倍的精致绣花针。

这时,又来了一个技艺更高超的工匠,他对马掌、刀片、绣花针不屑一顾,而是用这块铁做成了精致的钟表发条。就这样,那块普通的铁,价值从几美元变成了1000美元。

然而,故事还没有结束,又一个更出色的工匠出现了。他采用了许多精加工和细致煅冶的工序,把铁块变成了几乎看不见的游丝线圈。铁块的价值瞬间上升到了1万美元。

所谓"潜能",指的是一种我们本身具备却又忘了使用的能力。其实,在我们每个人的身体里,都蕴藏着无限潜能,只不过,它像一头正在沉睡的雄狮,等待着被自己的主人唤醒。

据研究表明,迄今为止,人类只认识了大脑很小一部分的功能,就像冰川的一角,人脑的大部分功能,就像潜藏在海底下的巨大冰山一样,等待着人们去挖掘、去开发。生活中,我们都幻想着自己能够成为"超人",殊不知,真正的能量就蕴藏在自己体内,只要我们能科学、理性地去挖掘,便能爆发巨大的能量,并且这种能量还是取之不尽用之不竭的。

如何充分挖掘自己的潜能?

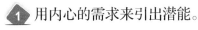 用内心的需求来引出潜能。

很多时候,我们内心的渴望越强烈,就越能激发自己成功的欲望,当这种欲望达到一定程度时,我们便会释放出巨大的潜能去实现它。可见,我们内心的需求,就是激发潜能的"引子",只要我们在面对难题时,不断增强自己成功的欲望,便能充分挖掘出自身的潜能。

明明看见跆拳道教练表扬小力,他非常羡慕,也想获得表扬的他该怎么做呢?

2. 逼迫自己向高难度挑战。

人是一个复杂的矛盾体,既有求发展的需要,又有安于现状的惰性。生活中,大多数人都乐于窝在安逸的舒适区,而不喜欢去向高难度的事物挑战。对此,我们不妨适当地逼一逼自己,让自己处于积极进取、创新求变的紧张状态,从而有效地激发身体里的潜能。

明明学游泳已经一段时间了,却没有丝毫进步,他该怎么办?

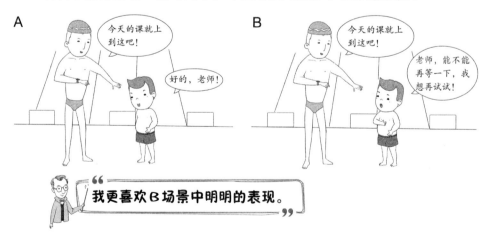

3 适当做一些潜能训练。

我们的很多能力都能通过训练来提升，潜能亦是如此。对此，我们可以适当地做一些脑部训练，以唤醒自己脑海中的潜意识。例如，我们可以看一看与潜能开发有关的书籍；也可以做一做脑筋急转弯、一分钟推理等能够激发大脑思维的练习和测试。

明明想开发自己的潜能，却找不到合适的办法，接下来他该怎么做呢？

4. 心怀感恩，善良地对待他人

我是小力，我家楼下有个比我低一个年级的小弟弟，名叫泽泽，他每个周末都会来我家，既不拿零食，也不玩玩具，就是缠着我学习。他会把

自己攒了一个星期的"疑难杂症"都拿出来,让我一一讲解给他听。一两次我还可以接受,次数多了,我就很烦,我该怎么办呢?

卡耐基有一个名叫微奥拉的姨妈,在卡耐基很小的时候,姨妈就把年迈的母亲接到身边来照顾,同时,她还照顾着自己的婆婆。她们两个人由于年纪大了,手脚都不太利索,家务活也帮不上什么忙,每天只能坐在温暖的壁炉前闲聊。然而,她们的衣、食、住、行却需要人照料,这一切自然都落到了微奥拉姨妈的身上,她每天都像照顾孩子那样服侍两位老人。

不仅如此,微奥拉还要照顾自己的6个孩子,无论孩子们如何调皮捣蛋惹她生气,她都从没有将气撒到两位年迈的老人身上。对于她们,微奥拉有的只是细心和耐心,因为她很爱这两位老太太,所以她选择了迁就她们、顺从她们,尽可能地让她们过得舒心和舒适。

两位老人去世后,6个孩子也渐渐长大了,各自拥有了自己的小家庭,可孩子们都非常敬佩微奥拉,不想离开她,经常争着抢着要微奥拉搬到他们那里去住。每当这个时候,微奥拉的脸上都会露出得意的笑,因为她知道,是她给自己的孩子们树立了好的榜样。

不可否认,忘记恩德是人类的天性,就像野草一样,只需要一点点就可以疯长;而感恩却如同娇嫩的玫瑰,需要精心浇水、施肥,给它足够的爱和呵护。正因为如此,一颗懂得感恩的心才显得弥足珍贵,若我们能放下自己的私欲,停止一味地索取,对他人多一点理解和关心,相信势必能

获得更多的友谊与人脉,我们的内心也会因此而感到幸福和快乐。

实际上,就像太阳能比风更快地脱下我们的大衣,仁厚、友善的方式往往会比任何暴力更容易改变别人的心意。可见,感恩是一种处世哲学,也是生活中的大智慧。我们应当保有一颗感恩的心,善良地对待身边的人,不求回报地去帮助别人。

怎样让自己学会感恩?

1 凡事不要太斤斤计较。

聪明的人从不吝啬,更不会为了小事而斤斤计较,因为他们知道,这种看似是吃亏的做法,其实能为自己赢得更大的利益,如一支铅笔换来一段友谊,一次帮助换来一个承诺等。所以,我们不妨把心放宽,将与别人计较的时间和精力,拿去做一些更有意义的事情。

小力很反感泽泽经常找自己辅导功课,面对不请自来的泽泽,他怎么做更好呢?

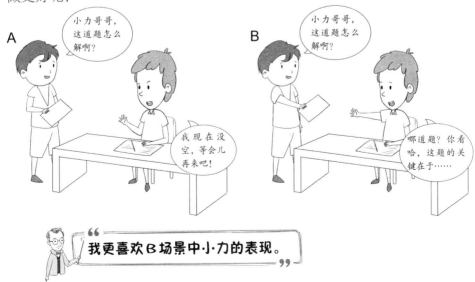

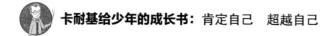

2 学会分享，而不是"吃独食"。

自私是人类的天性，可我们若想更好地生存，就必须摈弃这种不良的品质。对此，我们要做的就是学会分享，而不是躲在一边"吃独食"。具体而言，我们不仅要与他人分享看得见的事物，还要分享那些看不见的事物，如在合作成功后，要与对方一起分享荣耀。

小力跟明明一起取得了乒乓球双打比赛的第二名，领奖时，他应该怎么做呢？

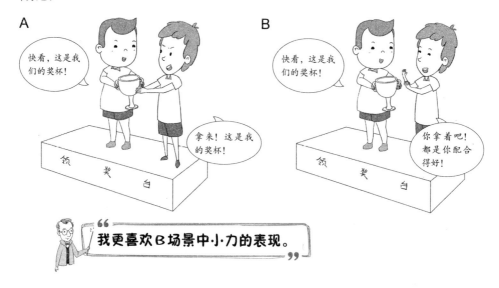

" 我更喜欢B场景中小力的表现。"

3 用行动去感谢帮助过自己的人。

很多时候，并不是我们不懂得感恩，而是已经习惯了淡漠的表达方式。对此，我们要做的就是改变这种方式，当我们得到了别人的帮助后，除了简单地说一句"谢谢"外，还应当用实际行动去感谢他们，让他们知道我们的心意和诚意，如给对方一个温暖的拥抱，或为对方准备一份小小的惊喜等。

今天是教师节，平时班主任给了小力很多帮助，在这个特殊的日子里，小力做些什么更好呢？

5. 学会独立，慢慢离开父母的臂膀

我是花花，妈妈告诉我，她明天要出差几天，爸爸很多事情都不会做，让我自己照顾好自己。一想到妈妈将会有几天不在家，我就脑壳疼，因为这意味着我起床后，得自己梳头、自己收拾书包……可这些我都不愿意做，就爸爸那个暴脾气，非要揍我不可，我该怎么办呢？

麦克出生在一个富裕的家庭，从他出生那天起，父母便为他规划好了人生的道路，正因为如此，他的前半生过得无忧无虑，什么都不用去想，

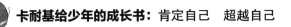

一切听从父母的安排即可。

转眼间,麦克到了要工作的年纪,他顺理成章地去了父亲的公司。虽然刚刚涉足,什么都不懂,父亲却给了他一个区域经理的职位,但他知道,这二十几年自己什么都没学到。由于心虚,在日常例会上,他对每一个议案都草草了事,要不就直接推给下属去做,自己从不真正地去处理。下属们对他的表现感到非常失望,久而久之,便把他当成了摆设。

面对员工们的无视,麦克既愤怒又无可奈何,他知道自己没有能力,所以说话没分量,无法在下属的面前树立威信。后来,他终于醒悟:多年以来,自己一直都像个长不大的孩子,凡事都依赖父母的帮助和庇护,从没有自己努力付出过,才造成了今天的局面。

为了改变这一切,麦克向父亲申请从普通员工做起,他要从头开始,学会独立。

人生是一场漫长的马拉松,当我们止步不前时,别人已将我们远远地甩在了后面。在这场比赛中,虽然谁都不知道后面会发生什么,但我们必须知道的是,要学会独立地面对这场比赛,因为除了我们自己,谁都不可能陪我们走到最后,包括我们的父母和朋友。

为了成功地生活,我们必须学习独立,依靠自己的力量去铲除埋伏在生活各处的障碍。不可否认,有时我们也需要别人的帮助,但这却只限于某些特殊的时刻,我们唯有学会自立、自强,才能在竞争激烈的现代社会生存下去,才能积极迎接明天的不确定,即便是遇到不如意的事,也能勇敢地面对。

所以,从现在开始,慢慢离开父母的臂膀,独立而自信地去迎接新生活吧!

第八章 | 向着光亮前行，跑赢自己就好

如何才能让自己学会独立？

1 自己的事情自己做。

对我们而言，最能锻炼自己独立能力的方式，就是自己的事情自己做。对此，我们可以先学会自理，从生活中的一些小事开始做起，如每天自己定闹钟起床；自己穿衣、叠被、整理房间；自己清洗自己的衣物；自己安排自己的作息时间；自己管理好自己的零用钱，等等。

花花在家一直都依赖妈妈，当妈妈出差后，花花应该怎么做呢？

2 通过学习提高独立能力。

俗语有云：活到老，学到老，唯有不断地学习，我们才能获得长久的进步。独立能力亦是如此，我们可以向自己的父母请教，向身边独立能力强的同学学习等。当然，我们也可以通过生活中的观察和思考，为自己量身打造一套合适的学习计划，以提升自己的独立能力。

卡耐基给少年的成长书：肯定自己　超越自己

花花想整理自己的房间，但又怕做不好，这时妈妈提出帮忙，她该怎么做呢？

> 我更喜欢B场景中花花的表现。

3 加强自我约束能力。

很多时候，独立往往也意味着自我约束，因为它们的本意都是自己管理自己，所以，要想提升自己的独立能力，我们还要加强自我约束力。对此，我们不妨树立一个学习的榜样，或在自己身边找一个竞争的对手等，从而增加我们约束自己的欲望和激情。

花花习惯了花钱大手大脚，以致她每天的零用钱都不够花，面对妈妈的寻问，她怎么做更好呢？

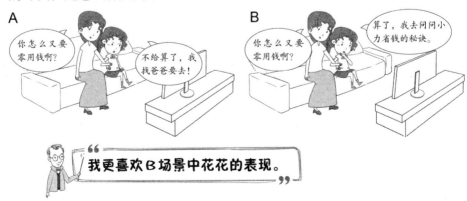

> 我更喜欢B场景中花花的表现。